结构工程
设计杂记

JIEGOU GONGCHENG
SHEJI ZAJI

姚育华 著

U0396541

浙江工商大学出版社
ZHEJIANG GONGSHANG UNIVERSITY PRESS

图书在版编目（CIP）数据

结构工程设计杂记／姚育华著．— 杭州：浙江工商大学出版社，2017.9

ISBN 978-7-5178-2320-9

Ⅰ．①结… Ⅱ．①姚… Ⅲ．①建筑结构－结构设计 Ⅳ．① TU318

中国版本图书馆 CIP 数据核字（2017）第 191673 号

结构工程设计杂记

姚育华 著

责任编辑	何小玲	
责任校对	王文舟	
封面设计	林朦朦	
责任印制	包建辉	
出版发行	浙江工商大学出版社	
	（杭州市教工路 198 号 邮政编码 310012）	
	（E-mail：zjgsupress@163.com）	
	（网址：http://www.zjgsupress.com）	
	电话：0571-88904980，88831806（传真）	
排 版	风晨雨夕工作室	
印 刷	虎彩印艺股份有限公司	
开 本	710 mm×1000 mm 1/16	
印 张	8	
字 数	115 千	
版 印 次	2017 年 9 月第 1 版 2017 年 9 月第 1 次印刷	
书 号	ISBN 978-7-5178-2320-9	
定 价	25.00 元	

前言

　　做了几十年的结构设计，好不容易积累起来的一些经验，不想让它随人的回归自然而消失，想让它继续在人间发挥点作用，也算为社会做点贡献吧！

　　本书第一部分精选自笔者几十年设计工作的经验杂谈，其中涉及的技术业务经验知识，大多是笔者自己分析、研究总结的，或是在已有的资料基础上经笔者分析重新归纳的，也有的是笔者认为较有实用意义，为方便工程设计人员借鉴使用，从相关的资料中引用的。

　　第二部分为专题论述，并非都是笔者新创，但都是经过工程实践检验的较为实用的资料（部分篇目已在相关的期刊上公开发表过）。期望读者能由此得益并给予改进、创新。

　　本书在编辑过程中蒙孙玺玺同志协助，特此感谢！

2017 年 2 月 4 日

特别说明

书中各篇文章，常涉及对多种国家标准、行业标准或规范等的引用和解说。有的标准或规范，从现时的角度看，已有更新的版本，或已用其他标准代替。读者使用时，宜与相关现行标准或规范核对。

考虑到本书各篇写作时间有先有后，时间跨度很大，若采用最新版本更改文中的数据或文字，则文本无法体现过去时点的原貌和思想。为体现本书乃作者从事结构工程设计多年之经历的结晶，文中继续采用写作时的适用版本，但会以脚注形式做出注解。

特此说明！

2017 年 8 月

目 录

第一部分　结构工程设计经验杂谈

第二部分 技术专题论述

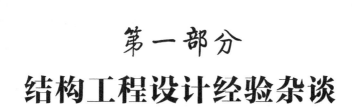

第一部分
结构工程设计经验杂谈

结构工程设计宜树立的基本理念

第一，我国实行的是规范设计制度，即所有设计内容均必须符合现行规范的要求或精神，绝不能以某已建工程为标准来判定其正确与否。（即所谓的样板设计！）

第二，必须以能反映工程实际情况的勘察、建筑、工艺生产等资料或报告为设计依据。（用已建工程的资料做设计的依据，必须有证实其可用的详细说明。）一切口传信息均属无法律效力的信息。

第三，结构计算在进入电脑运算阶段前，宜持下述观念来取用设计荷载数值：

进行结构工程设计计算需要很多基本数据，这些数据在结构工程投入使用前，常属近似取值，会有误差。因而，设计人可能会在计算时留有一定的安全余地。

但笔者建议，设计人要进行充分而周密的分析，力求符合实际，取值准确些，尽量不在此阶段预留安全余地，因为这样的预留是模糊的，难以用来准确评估、比较、判断后续增减所需储备量。如考虑到后来可能有需要，宜在配筋计算以后加以处理（即增加计算后的配筋量或调整构件截面面积），这样可以明确其后增加的能力，以及对结构安全影响的程度，可较清楚地了解结构的安全余度，从而做出合理的判断。

充分理解、合理应用好概念设计

概念设计是从总的结构体系出发（包括与分体系的关系），以达到结构设计人所理想的承载能力、刚度、延性为宗旨的设计思维方式，可称为结构设计过程中的最高思维方式。

概念设计，如果要用文字来定义（笔者至今还没有发现有很明确的文字定义的资料），暂定义为：设计人依靠自身拥有的对结构体系功能及其受力、变形特征的整体概念，去构思结构总的体系，并以承载力、刚度和延性来主导总结构体系和分体系之间关系的（符合技术规定）有客观成果的设计思维活动。在这过程中，那些被设计人理解并掌握的科学试验成果，工程实践的经验与教训，以及自身拥有的综合理论知识，也必然被设计人所应用。

概念设计中，当然包含了设计人所拥有的广博的基础知识、经验和判断力，所以，结构设计没有唯一的方案，只有依托着设计人自身的素质而有好中选优的趋势。

概念设计也会需要做一些简单的近似计算。在初步设计阶段，通过概念近似计算来不断反馈和优化，直至最后确定该结构设计方案的可行性，以及其主要分体系和构件的基本尺寸。这样，在施工图设计阶段，就不会再引起反复的、较大的变更。

建筑工程基础方案的选择

通常情况下，决定一个工程的基础方案的主要因素或客观条件，是场地的地质条件和上部建筑荷载的大小。

当工程场地的岩土承载能力不能满足支承建筑物产生的荷载要求，或沉降过大时，就要考虑采用人工地基，即进行地基处理或采用桩基。

地基处理的方法，一般适用于软弱岩土承载力需要有一定量的提高，上部荷载又不是十分大，而且允许基础有较大占地面积的情况。地基处理时，需要处理一个较大平面范围内一定深度的岩土层。

桩基方案适用于天然地基承载能力不足，但工程场地有支承桩体的岩土条件的所有工程。

所以，有时在上部荷载不是十分大时，需要进行地基处理和采用桩基两种方案进行各方面（施工技术条件、进度、经济利益等）的比较，以决定对本工程的基础方案的取舍。

上、下基础水平重叠时的处理办法

工业建筑工程设计中常遇到的问题有：

在天然地基的条件下，室内有较大设备基础，如在平面上与房屋基础重叠，哪种基础宜在下？为什么？

为什么上、下基础间要有间隔空间？上、下基础的空间相隔宜为多少？这个数值的大小，工程经验上有何可参考的经验值？定性上怎么控制？

对于以上问题，笔者的看法如下：

基础问题主要是受地基沉降影响决定的，而影响地基沉降变形的因素主要是长期作用的荷载。

永久性的房屋建筑基础，是以自重恒载为主的，荷载变动较少，是地基沉降的主因，宜布置在下。而设备总荷载中物料及其他活载虽占比较大，但对永久沉降的影响相对较少。所以，永久性的房屋建筑基础宜布置在下，设备基础宜布置在上。

上、下基础之间预设一个垫层间隔，是为了减轻、扩散上层基础对下层基础集中传递的影响，从而使重叠部分的地反力尽量与设备基础其他地方相近，使设备基底反力较为均匀，从而使其计算模式较为接近实际。

依据工程上的经验，常按两者上、下间隔不小于 500 mm 为限，当然是越大越有利，可由设计人视工程实际而定，但应以客观条件为主。当原地基坚硬、设备荷载又不十分大时也可再小些，但也不宜小于 300 mm。特别是，在软土地基（如淤泥）上不应减小，即仍应不小于 500 mm。

对下面的基础进行复核时，应在计算中增加考虑重叠面积的上部传递荷载。

同一桩基承台不宜采用承载力不同的桩

所谓承载力不同，也分几种情况：

第一种，桩径相同，桩端持力层岩性也相同，只是由于桩长不同，承载力有差异。这种状况下，若是以基岩为持力层的桩，会因基岩出露标高有较大差异而形成不同的桩长。它们的承载能力是充裕的，桩受到设计承载力后沉降也很小。实践表明，在工程应用中忽略其沉降差，并不影响建筑物的安全。

第二种，桩径相同，持力层是非基岩，较短的桩也能满足设计特征值。此时，一般宜将长、短桩的持力端的高差控制在一个桩距以内，设计承载力统一取短桩值。

第三种，桩径不同，桩长也不同，就是那种想用承载力小的桩来凑足设计数值要求的情况。应该说，这不是一种合理的技术方案，所有的技术规则对此都不提倡就是例证。不应提倡用这种方式来节省工程造价。要知道，工程计算只是利用假定的结构模型所做的近似估算，对地基基础的估算更是粗略的，对桩的沉降差的估算就更是难以精确了。

如果一定要在同一桩基承台上共用这种承载力差异很大的桩，在布置桩时，必须（在理论上）使柱传下的力按它们（不同的桩）各自的能力来分担，也就是说，不仅仅桩距要遵守桩基规范中的最小桩距要求，而且要使柱中心处于大、小桩（它们的承载能力）的合力点上。这一般难以做到，因为桩的位置并不是可以任意布置的。另外，这样做还存在一个问题：它们即使同时达到了各自的极限值，其沉降也是有差异的！

所以，笔者认为，不宜在同一桩基承台上采用承载力不同的桩，更不宜当作省钱的措施来利用！

平面斜交梁下柱应重视的问题

平面分布不是矩形的柱网（即柱两侧的梁平面不是 90° 夹角的、不等距的柱网），在计算机程序中算得的梁柱节点处内力——弯矩、轴力、剪力等，是相对梁平面图布置的梁杆件轴中心线而言的（即梁的作用平面是与梁的平面轴线垂直的），对柱的截面来讲，它并不是通常的与柱截面正交的关系！

这样的情况（即斜向受力）下，程序并不会自动校正，在接下去的构件强度计算（包括混凝土的配筋、钢结构中的截面应力强度复核）中，都还是按照设计人提供的杆件的正规截面进行的。

例如，混凝土矩形截面的梁，是相对于梁的平面分布的轴线而言的，对柱截面是斜向受力，H 截面柱的型钢实际并不是按正常的 H 形截面来承受的，这在与柱的连接区就会产生很大的误差，甚至是错误！

对于实心的混凝土构件，当误差不大时，尚可用在角区多配筋来弥补一下。对于钢构件，由于杆件很薄，又是斜向受力，而引用的公式却是正向推导而得的，所以，应力与实际会相差很大。还有侧向稳定问题，所以钢柱遇到这种情况，大都不用 H 型钢而选用箱型或圆钢管（以后者为佳）。对混凝土柱就要采取适当构造措施来保证节点处的安全。

柱悬出桩承台外的处理

第一，它是一种杠杆型的受力状态（见图 1.1），即以紧靠柱的桩 A（轴线）为杠杆的支点，以较远处的桩 B 为平衡柱荷载的平衡力（为抗拔力）。

第二，注意桩 A 对承台的作用力（向上）绝对值，是柱荷再加上桩 B 对承台的作用力绝对值（与桩 A 受力方向相反，与柱荷方向相同）。

第三，可参与抗衡的因子为桩 B 的抗拔力、桩 B 的自重及部分承台自重（可人为调节）。承台上部也要配置受拉筋。当利用承台另一侧与相邻承台连接的拉梁时要验算拉梁的抗弯拉力、抗剪力。

第四，在复核抗倾覆时，其抗倾覆安全系数应符合地基规范中重力式挡土墙的安全系数 K 大于等于 1.6（$K \geqslant 1.6$）的要求。

第五，由于这是一种以定性分析为基础的验算，理论上大原则是正确的，但实际设计人能得到的数据资料的准确性难以保证，必然有较大误差。具体核算时宜留有余地，并为安全计，建议在用相邻基础拉梁方案复核抗倾覆时，宜只选用抗拔桩或拉梁两者中的一项。

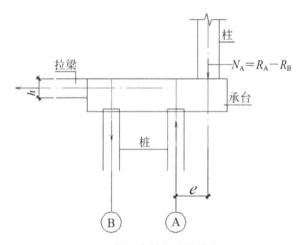

图 1.1　柱悬出桩承台外的处理

柱基础改建时的注意点

第一，在原柱基础上新扩建的基础，为了保障改建后的基础是整体工作，其新基顶面宜尽量抬高。顶面标高宜置于较高位置，以增加新浇的混凝土基础与原柱体侧面的连接接触面的面积，有利于使扩建后的新基础从柱体侧面就开始承受传递扩建后的柱传荷载的效果，而不是仅靠基础横向传递的效果。

第二，当新基底下为原回填土，又无专门处理措施时，改建中应将疏松部分挖除，回填低标号的素混凝土。对不能挖除的区域，要采取灌浆密实处理，并经测试达到设计要求的承载力时，方可施工。

桩顶直径调整的运用

紧靠已建天然地基的大直径桩基（原设计大直径为 D），当承台边距不能满足规范要求的 $D/2$ 时怎么办？

首先，要理解并接受这样一个条件：规范认为，只有满足了这个构造要求的尺寸，承台才能把由柱传给它的荷载再有序、安全地由承台传给桩体。

为了满足这一条件，可做如下处理：

假设能满足要求的新桩直径为 d，设计桩中心离已建天然地基外边缘的距离为 a。按规范，这个 a 应符合 $a - 100 = d$。

只要我们把新承台以下的局部桩径，由桩顶 d 向下逐渐增大为 D 后，便能满足规范要求了。

但还应复核以下情况：

第一，要复核承台下部与桩接触处的局部承压能力（因为桩的承载力并未减小，而桩顶与承台的承压面积减小了），可能因此要提高承台的混凝土局部承压强度等级。

第二，复核桩身混凝土强度承载能力（按最小的直径 d 来验算），也可能要提高桩顶变直径这一段的混凝土强度等级和加大配筋面积。

第三，桩顶配筋构造要专门配置。

第四，桩顶宜留一段 100 mm 高的等直径桩身，以便与承台连接。桩径渐变的坡度宜满足 $\dfrac{h - 100}{0.5\,(D - d)} \geqslant 2.5$。

利用前述条件 $d = a - 100$，可求得

$$\frac{h-100}{0.5\,(D-a+100)} \geqslant 2.5$$

$$(h-100) \geqslant 1.25\,(D-a+100)$$

$$h \geqslant 1.25\,(D-a+100)+100$$

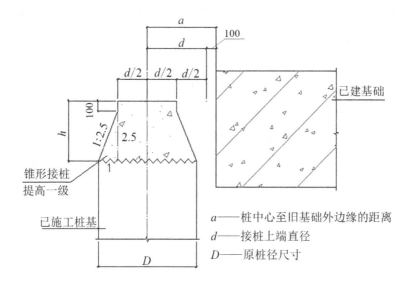

图 1.2 桩顶直径调整的运用

单桩承台不应按一般的多桩承台方式配筋

单桩承台能否按一般的多桩承台方式,只配底部钢筋?

对这一问题,确切的答复是不能。因为理论上,上层柱底只支承在一个支点(桩)上,柱底(两个方向)的弯矩、剪力也会使其产生弯、扭现象(即使有连梁,也是要先通过承台自身变形才能传递转换)。所以,既要配抗弯筋,也要配抗扭筋,形成一个空间的钢筋笼。

据有关资料,承台配筋计算用的弯矩值,可近似地取用 1/2 柱底弯矩。

顺便提一下:多柱联合的桩承台,如果承台上面有出现拉应力趋势状况,上层也应配筋。多柱联合的天然地基也应类似处理。

单桩承台适用性讨论

确切地说，除了大直径桩（大于等于 800 mm），单桩一般是不宜作为柱底的基础的，因为它不具备足够抵抗柱下端弯矩的性能，而且沉桩施工时又必然有位置误差（施工规范也允许有一定的误差限值），从而增加次生的附加弯矩，所以笔者认为单桩承台不宜作为首选方案。

当只能采用单桩承台方案时，必须有抵抗柱下弯矩的实际措施，例如，柱下端的侧面均设置刚度较大的地梁用于承担柱下端的弯矩，工程设计时，一般要求地梁的线刚度要大于 3 倍柱的刚度，方能近似作为柱下端固接的假定。在特殊情况下，在计算模型中，可将单桩的柱下端假定为铰支承（不适用于悬臂式的管架柱、排架柱）。

在设计中合宜地估算地基梁与地基的关系

常用的结构体系中的地基梁计算程序，不是单独算地梁的程序，是考虑上部结构刚度共同作用的程序。考虑到有一层上部刚度参与地梁的应变，是可以作为近似结果的，但其似乎没有单算地梁的安全贮备量大。在天然地基状况下，如用建上层梁柱模型的方式，宜建与实际相符的楼层，不宜为了可以使用程序随便建一层模型，而且这也只是对有很厚的均匀岩土持力层的情况比较合适。因为利用上部刚度的地基模型的原理，理论上是置于半无限的均匀岩土层上的。

对于桩基上的地梁，如地梁是与桩承台一起浇筑，那宜按两端固定（尚应视节点的构造情况而定，也可能是铰支）的单根梁来考虑，如桩基人工手算时，地梁的跨度宜取两承台最外边缘的桩的轴心距离。因为桩基的地梁是与承台连成一体的，它也应属地基的一部分。如在地震分析时它们都是地基的一部分，宜与地基一样被认为属于与大地连在一起的"不震动的"部件，只认为上部构件有空间，可以有加速度而产生地震力。

柱基与地下式底板之间的关系

第一，在地基承载力较高的地区，假定柱基采用独立柱基（或十字条形地基），如不想让中间板块承受上部结构通过柱基传来的较多荷载，就需要待上部结顶以后再施工中间底板（或留"后浇带"并做好分缝之间的止水）。软土地基常因沉降速率低，要完成70%～80%的沉降量，比"后浇带"所需的时间要长很多。此类形式适用于地下水位低（如北方区域），底板及其上的自重能抗衡地下水的浮托力的情况。

第二，当地下水位很低，甚至低于底板底面时，如果底板与柱基同时整浇，就宜考虑将少部分柱下荷载转移至底板下。笔者建议，按柱下轴力的10%～15%设计（视其均布于板底，地基坚硬时取小值）。

改建中增加柱的问题

第一，在已建的框架体系中增加新的中间柱后，原结构体系上作用的荷载不会按增柱后的体系重新分配。只有后增加的新荷载才参与改造后的重分配，所以改建后的原有其他柱实际受的荷载，由两部分组成：①原结构荷载分配所得；②增柱后新增荷载在新体系中分配所得。不宜简单主观地把新、旧荷载叠加到一个扩建后的体系上，一次计算完成，尤其是后增荷载占比大时误差更大。

第二，风荷、地震作用等水平荷，宜按增柱后的情况考虑。

第三，根据工程柱改建计算复核实际情况，对边柱基础底面积、中柱基础底面积，都可能要做相应的调整。

换填土法的适用性

地基处理中的换填土法，是针对那些存在局部软弱土层，工程需要的承载力要求不是很大，在施工挖除时又不会发生大问题的状况。

在地下水位较高的地区，常用砂石分层夯实，代替挖除的软弱土层回填后的持力层。在地下水位较低的地区，常用人工的"灰土"来替换挖除的土层。

但要明白，对于有深厚软弱岩土层的情况，这样做只是有限地提高了一些土层的承载能力，减少了部分压缩变形，并不能从根本上解决沉降大的问题。所以，对沉降有高要求的工程不宜单用换填土法，应该采用处理以后沉降小的方案。

地下室底板的内力、配筋计算

地下水位较高、有抗浮要求的地下室底板的内力、配筋计算，按地基承载力还是按浮托力考虑？

这是两种不同的荷载组合，在建筑物存在期内，地下水的水位是随当地的气候变化的，故宜分别验算，并都予以满足。就建筑物安全计算的顺序而言，当地下水位较高时，宜先满足抗浮要求的结构尺寸（抗浮时结构的自重起主要作用），再按地基承载力决定基底所需底面积。地下水对建筑物底部的作用实际是较复杂的，它不完全如同浸入水中的物体。土层中的水，因为受岩土层的物理、化学构成的影响，不是完全的自由流通的水，工程中用静水压力理论分析的浮托力计算，只是一种近似估算方式，只有在砂石等透水性很强的土层中，才较接近实际。对透水性差的土层，可以适当减少地下水头的作用。但需要强调的是，要保障基底与持力土层之间

不形成透水层，否则应按透水土层考虑。(具体可参阅本书《地下水浮托力计算的探索》一文)

框架柱配筋计算模式的选择

现行框架柱的配筋计算，有两种模式：

一种是单偏压。即将柱的弯矩先在 X、Y 两个正交方向分解，按两个分弯矩分别求出各方向所需钢筋面积（程序输出结果标注的只是一边的钢筋面积），各方向（共四边）钢筋面积之和即为柱的总钢筋面积。要特别注意的是，在单偏压配筋模式中，每一边所配的钢筋面积不能被邻边重复利用。

另一种是双偏压。它是直接按柱的总弯矩（斜向的）进行的配筋计算。它是近些年推出的计算模式，就定性考虑而言，较接近实际的受力状况，特别对角筋的要求比较符合实际情况，但其目前所采用的计算模式，尚需进一步改进完善。

相对而言，双偏压的计算模式不如单偏压的单向弯矩配筋计算模式有着丰富的科学试验经验，以及历年来为无数工程实际所验证。

两种模式计算所得的柱的钢筋总面积数值还是较接近的。笔者建议用单偏压计算柱截面总钢筋面积，再用双偏压来复核角筋。

对配筋率的理解及应用

混凝土结构设计时的配筋、计算中，规范对实际应用的配筋率的值有限定的范围（即最小配筋率与最大配筋率），那是因为，配筋计算的公式是依据科学试验和工程实践对受荷构件进行统计分析后得出的半理论经验公式，若超出这范围，与实际误差会很大，那些计算公式就不再适用。

配筋计算公式推导的假定条件是：受弯构件的截面在受力时，其受拉区一侧的拉应力假定全由受拉钢筋承担，混凝土不参与，即构件是呈开裂的状态，其受压区一侧的压应力假定（就单向配筋而言）只由混凝土承担。

但是，用以计算配筋的构件内力值，是依据构件在受力时截面保持无开裂、无挠曲的直平面而得出的理论公式。它显然与配筋计算时的开裂状模型是不协调的，有明显差别。这样得到的配筋计算结果，显然是有误差的。对配筋率的值的范围的限制，是为了防止出现过大误差，造成安全隐患。

最小配筋率的设定，除了为需要配筋时计算值能满足配筋公式允许的误差外，还为了限制混凝土的干缩及其他非承载荷载如温度影响等引起的裂缝的发展。所以，规范对那些处于较稳定环境条件的构件，如地下的地基，就有较宽松的允许条件。

因此，笔者认为，设计人可以依工程构件所处情况，酌情考虑这最小配筋率的值。

例如，在对原有基础的扩大进行加固时，可能会出现改造后因计算截面增高（原底部已配定钢筋），配筋率小于规范规定的数值（指加固后的截面尺寸的最小配筋率）的情况，但是，由于在最大应力部位，其混凝土干缩等主要需要最小配筋率来维护的状况已不复存在（要重视的是新、旧混凝土的连接）。笔者认为，可将此规定适当放宽，不必按加厚后的构件断面总高度的要求来设定最小配筋率，可考虑仍用原有的配筋面积做最小配筋面积，宜按《混凝土结构设计规范》（GB 50010—2010）[1] 第 8.5.3 条复核。

钢筋抢位置问题的处理

框架结构因是整体浇筑，所以，施工时，在梁与柱、梁与梁、梁与板的相交节点，钢筋会发生抢位置的问题。

现场处理这一问题时，不宜凭个人主观意念随意处置，宜按相交构件

---

[1] 《混凝土结构设计规范》2015 年进行了局部修订。

的重要性分清主次，先保证主要构件钢筋的位置，然后将次要构件的钢筋提前弯折（可按 1/6～1/8 坡）。考虑到外保护层不宜减少，一般是向构件内部弯折。例如，梁与柱主筋发生矛盾时，宜梁筋让位，向柱内弯折；次梁与主梁发生矛盾时，宜次梁筋让位，向主梁内弯折；板筋与支承它的梁筋发生矛盾时，宜板筋让位，向梁内弯折。

这里有一个常被人误解的观点：对于梁，以为将次要构件的上层钢筋放在主要构件主筋之上，才是次要构件传递荷载的保证。其实，在混凝土构件的截面计算中，钢筋只负责承担拉应力（在构件拉应力区发挥作用的方式），在传递荷载过程中，构件是整体发挥作用的，对构件中钢筋位置的微调，只是对混凝土配筋计算中的有效高 h 有微小的影响，这种变动不会影响工程设计计算的精度。

框架梁端部加密箍筋的抗剪能力的应用

梁端部加密箍筋的抗剪承载能力，一般不应作为梁的正常抗剪能力来使用。

它属于抗震概念设计"强剪弱弯"的定性保障性构造措施，可在发生过大内力时增大端延性，不使其发生脆性破坏。

当承载能力计算需要箍筋达到加密的间距时，宜采取增加箍筋肢数、加大构件截面尺寸、提高混凝土强度等级等措施来解决，不宜将加密箍筋当成正常抗剪筋来用。

在混凝土框架梁中因次梁致主梁端部大扭矩问题

在混凝土框架计算中，有时会遇到靠近大梁支承柱的部位有次梁布置，或设备荷支承，从而使大梁扭矩特大，配筋过大的情况。

对此，有人认为，只要将主次梁交接处模型设为铰支就很容易处理了！

但这是假象，只是设计人主观的设想。实际上，构件仍是整体浇在一起的，将来受荷时可能会大开裂，是不符合技术规范的。故此方式不宜用！

可考虑加大梁截面尺寸，或将局部板加厚，以加大主梁抗扭刚度来改善。

在原有混凝土构件上连接新构件时应注意的问题

在原有混凝土构件上连接新构件，特别是连接水平构件，如新梁连接到旧柱时，应注意以下问题：

第一，在新混凝土构件与原构件的连接处（可能是梁直接连接，也可能是先做个连接的埋件），受荷时必然会产生裂缝，故在使用后应及时用环氧胶将缝封闭，以保护连接的植筋。

第二，植筋深入原混凝土内的锚固深度，要求必须严格按规范执行。具体可参照《混凝土结构加固设计规范》（GB 50367—2006）[1] 的"12 植筋技术"一节 [2] 进行计算。

第三，连接的上部植筋宜有两根以上主受力筋穿透原构件锚固，以保证其承受拉应力的作用，在抗剪验算时不宜计及上部这两根筋的面积。

第四，最终配置的钢筋面积，按以往工程实践经验，宜为抗剪验算时所需的 2 倍以上。

第五，如为后置牛腿，牛腿的根部高度宜为大于其长度（指牛腿突出柱面的宽度）的 1.5 倍。

第六，施工前应在新、旧混凝土接触面区去除原来面层并凿毛，形成有表面有 25 mm 宽凹、凸的凿毛面区，浇筑新混凝土前刷透高标号水泥浆

---

[1] 《混凝土结构加固设计规范》已更新为 2013 年版。

[2] "12 植筋技术"在 2013 年版《混凝土结构加固设计规范》中已修订为"15 植筋技术"。

随即浇筑。

第七，后浇混凝土（包括连接处）应保持湿润养护，直至达到设计强度，方可拆除支撑。

"后浇带" 与所谓 "加强带" 的区别

"后浇带"是因为建筑物太长，或平面形状变换复杂，或两部分荷载差异过大而设的，也可以是为了减小总的混凝土结构体系在施工硬化过程中的收缩应力（这应力是很大的，也是主要的温度收缩应力），是一种人为设置的，临时具有的，可在一侧自由伸缩，来完成混凝土施工硬结过程中温度应力的释放而采取的施工构造措施。缝两侧荷载差异大时，也可以用来消除先期相对沉降差的影响。

近年来，工程施工中出现的所谓"加强带"，其实只是一种普通施工缝。这是有些人为了回避规范规定的"后浇带"的封闭相隔至少50天的工期，主观地认为结构的收缩应力（包括整体施工甚至完成后）只是集中在分缝区，从而在分缝处加强配筋用于抵抗收缩应力，以为这样一来，在很短时间内就可以充填混凝土封闭施工缝了。其实，这仅是主观愿望，在专业认知上是一种不正确的误导，所以，国家规范并不认可！但由于设置"后浇带"的正确理论认知并未真正广为人知，利益诱惑又大，故禁用的阻力大，现实中仍有人在使用所谓"加强带"，但这确实是错误的！

混凝土构件裂缝成因分析要谨慎

在现场复查结构构件时要注意，在排除了沉降引起的因素后，如检查时只有恒载，裂缝仍不满足规范允许的构件裂缝不大于 0.3 mm 的要求（0.3 mm 是指在最不利荷载组合时的裂缝限值），那是不符合规范要求的！

除了配筋不满足抗裂要求外，有可能混凝土的强度也有问题，也可能是在施工过程中，在混凝土强度尚未达到设计要求时，承受了过大荷载，从而产生了早期裂缝！总之，这种情况是存在安全问题的！

高层建筑结构中楼梯与主体结构的连接型式

关于高层建筑结构中的楼梯，笔者倾向于采用楼梯构件与框架脱开的设计方案（梯板可滑移），尤其是楼梯偏置的情况。

笔者根据中国建筑科学研究院组织的计算分析结果，得出以下观点：楼梯板计入抗震计算后，相当于在框架中的楼梯位置加了斜支撑的作用，虽可以增加结构整体的刚度，减少水平的位移，但这主要是针对与斜梯板一致的方向，对垂直于梯板方向影响甚微，几乎可不考虑。

另外，楼梯的存在，使结构整体刚度增大，从而出现增大水平剪力的不利因素，当楼梯布置不对称时，还会造成结构体系扭转偏移加大的情况，所以规范只是提出了"要考虑楼梯的作用"，并没说一定有利！所以规范提出"宜采用楼梯构件与框架脱开的设计方案，尤其是楼梯偏置的情况"是意味深长的。

重锤夯实法处理浅层地基

在对地基承载力要求不是很高的情况下（笔者建议小于等于 150 kPa），重锤夯实法是一种对施工设备要求不高的简易加固方法（处理的土层中地下水埋深宜在 0.8 m 以下）。

锤重确定后，圆锥体其他参数，可按以下方式求得。

欲用锤重 15 kN，圆锥体锤底半径为 $R = 0.55$ m，顶半径为 $r = 0.28$ m 时，高为 h。

设混凝土容重为 $\gamma = 25$（kN/m^3）

圆锤体积为 $V = (\pi h/3) \times (R^2 + R \times r + r^2)$

$\qquad\qquad = (\pi h/3) \times (0.55 \times 0.55 + 0.55 \times 0.28 + 0.28 \times 0.28)$

锤重为 $G = 15 = V \times \gamma$

$\qquad 15 = (0.55 \times 0.55 + 0.55 \times 0.28 + 0.28 \times 0.28) \times 25 \times (\pi h/3)$

高为 $h = (15 \times 3/\pi) / [(0.55 \times 0.55 + 0.55 \times 0.28 + 0.28 \times 0.28) \times 25]$

$\qquad = 14.33/(0.5349 \times 25) = 14.33/13.37 = 1.07$（m）

据以上所估算结果，一般的 15 kN 重锤可用以下参数：

锥形混凝土锤尺寸：底面直径 1100 mm，顶面直径 560 mm。

圆锥高度：1100 mm。

混凝土圆锥重：15 kN（近似值）。

施工时起吊高度宜在 3 ～ 5 m，视原状土层自行调正，锤击 6 ～ 8 次。

桩数多时要注意荷载的传递

多桩承台中，距离柱或墙较远的桩能否发挥作用，并不是由人的主观愿望决定的，要依据承台或底板的传递能力（刚度）来定，也就是会因此增加承台或底板的厚度及配筋。

关于试桩检测数值的使用

有人问：地下室尚未开挖前，桩顶位置在上面的试桩检测数值，能直接使用吗？笔者认为，此数值不能直接引用。

因为实际工作中，桩侧并无地下室部分土层的摩阻力作用，建议将检测的数值减去开挖土层的侧摩阻力后再用。桩接近地表的一段侧摩阻力，实际是由零开始逐渐增加的，用通常计算桩侧摩阻力公式计算的地表附近的摩阻力比实际的要偏大，故此法是偏安全的。

桩筏结构模式的基础使用要谨慎

设计中的桩筏基础的计算，是一种近似的估算。它假设桩上端的受荷被均分到桩的平面范围承担。实际上，因为各个桩离传递上部荷载的墙、柱位置不同而有差别，要靠承台的强大刚度和桩下端岩土的沉降来调节；对筏板基础，要靠筏板刚度来调节（也就是各桩的沉降是不同的）。

对于桩下端承载能力很大的岩石层，这种假定尤其难以切合实际！所以，笔者认为，对于坚硬的岩石地基，不适宜用桩筏模式，宜用承载能力更大的大直径桩，使每个柱（墙）下桩数尽量少（不多于4根）。

筏板基础的含义与理解

通常，人们对筏板基础的概念是从外形上去理解的，即把基础看作是一块平面尺寸相对于厚度很大的厚底板（底板上也可以再布置梁格，以增大平面外刚度，减少板的挠度，常称为梁板式筏板基础）。

其实，从受力状况及配置钢筋角度考虑，是否视为筏板基础，还与其受力状况有关。用筏板做基础，主要是想利用其扩大部分的基础底面下的持力层，达到增大基础持力层的承载能力的目的，也有的因为防地下水的要求而做成了筏基型式（如近年来，地下水位低的内陆地区流行的所谓防水底板）。

笔者认为，从筏板承受上部荷载的传递途径来分析时，可以这样理解：上部主要荷载（或大部分荷载）是通过局部几个点（如柱下端）或筏板的局部区域（如剪力墙、筒体下端）传递的，但又要求筏板下和基础底面下的持力层都发挥作用，这种受力状态就是筏板理论计算的前提。

假如有一个放在地面的贮仓，它有一个平板形状的基础，下面为均匀的岩土层，它的底板在有主要的荷重物料时，底板上荷载量虽很大，但可以比较均匀地直接（隔着底板）传给地基持力土层，而在无物料的空仓时只有较少的仓体自重（通过仓体筒壁传入底板），并不需要大面积的板底下持力层参与工作。它与前述局部作用的荷载要通过筏板自身变形（地基同步变形）才能扩散到周边持力土层的状况是有明显区别的，那时它是以受弯为主的厚板，所以要遵守混凝土配筋的原则。当主要荷载如前述筒仓那样是均匀传递给地基的厚板时，笔者认为，其最小配筋率可不按受弯板的要求来考虑（由于板很厚，这最小配筋率配筋面积常常太大，也不符合实际）。所以，笔者以为，从最小配筋率的角度看，筏板的定义不宜仅按其底板的外轮壳尺寸来定义。

在具体设计计算时，如定义为筏板，它的最小配筋率就要按钢筋混凝土筏板计算的构造要求设置，当板很厚时，钢筋量也会很大，而且板越厚，最小配筋量越大，显然不合理。所以，笔者认为，如果最不利荷载组合传递的受力状态主要不是依靠筏板自身的弯曲变形在水平方向传递（如上述贮仓的基础底板），就宜定义为块状基础或大体积混凝土基础，其配筋可按温度应力要求设置，可以不被受弯时板厚（常常是厚板）的最小配筋率限制，当然也可以用少筋混凝土理论来配置少量钢筋，如依据《混凝土结构设计规范》（GB 50010—2010）[1] 第 8.5.3 条的原则，一般可以用它的实际截面计算高度的最小配筋率的 1/2 作为实际应用的最小配筋面积。这对工程项目是具有明显经济效益的。

对剪力墙结构体系的认知

结构计算模型中的剪力墙，是用于提高房屋的整体刚度的有效抗侧移

---

[1] 《混凝土结构设计规范》2015 年有局部修订。

结构措施，也是用于满足高层建筑侧向刚度和抗震多项规范参数指标的调节构件。

在结构计算时，根据工程实际情况，可使用根据不同的计算模型编制的程序，可用空间杆加薄壳体系，也可用平面、空间协同工作体系。不论哪一种方式，在其内力最终分配后，作用在单体的有限构件（如墙、柱、梁）上时，都以固定的、假设的构件受力模型再加以内力分析进行计算。所以，对单体的有限构件的定义是很重要的。当定义为剪力墙时，其受力模型为竖向弯曲型悬臂构件；当定义为框架柱时，则其受力模型是剪切型的。程序的计算成果是在此计算模型条件下才成立的。

规范对一般剪力墙的墙长（指墙水平长度，即墙截面高）限定大于 8 倍的墙厚，说明在这样的截面尺寸条件下，且受水平荷载时，才接近假定的弯曲型悬臂构件计算模型。当墙长（水平方向尺寸）变短时，模型的计算成果与实际会有误差，且随其缩短的程度而增大。

规范规定墙长 4 ～ 8 倍于墙厚的称为"短肢墙"。对短肢剪力墙结构，规范用多类限制方式来减小因其计算模型与实物不符而造成的安全影响，但这也只是现时代较适宜的过渡性弥补措施。

我们可以设想，当墙肢截面高（墙水平尺寸）、厚之比向 4 倍以下的方向缩小时，将涉及异形柱结构的柱截面规定（《混凝土异形柱结构技术规程》中规定，肢高不小于 500 mm，通常在 500 ～ 800 mm 之间，在有关资料中也可查到肢高与肢宽比不大于 4 的限制）。而对于异形柱结构，国家有专门的规程，要求更严。（异形柱框架是利用正常的框架模型来计算的，确切地说，应是近似计算，但它与标准的框架模型中假定的柱、梁的截面形心轴线在同一平面中的情况，还是有很大出入的，所以规范也就专门制定了一系列规定，严格地限制了它的应用范围，来保证它的结构体系的安全。）

要提醒的是，短肢剪力墙的工程经验不多，尚需更深入研究其计算模型，所以规范对其进行限制，并不是仅仅因为抗震与非抗震的问题。随着科技的发展，一定不断会有技术上的调正，望大家都关注。

剪力墙中的布筋方式

剪力墙的水平筋宜放置在外侧，竖向筋宜放置在内侧，这样便于施工。从受力状况看，是因为剪力墙主要是结构体系承受水平剪力的构件，水平筋的作用相当于柱的箍筋作用。但若为钢筋混凝土挡土墙，它的钢筋布置与剪力墙不同，因其是以平面外抗弯为主，宜将竖筋放置在外侧，以增加截面的有效高度。当地下室兼做剪墙与挡墙土用时，建议第一层地下室可按上层剪墙配置方式，第一层以下的多层地下室可将竖筋移至外侧。

高层建筑中框剪墙下桩基的布置

高层建筑中，框剪墙下的桩基如何布置？

这是常遇到的问题。一字形墙下桩基布置一般比较简单，对墙截面为L形、T形的就要注意了。

因为剪墙的结构计算模型是悬臂式的弯曲形，墙下端是可承担着大弯矩的支承端，平面为L形及T形的墙两个方向都要有承担弯矩，而剪墙下端的弯矩主要是依靠与墙同一方向布置的桩的轴向力形成抵抗力偶来平衡的，所以这种墙下的布桩不是只考虑垂直力满足就行了，还要考虑墙下弯矩的平衡，就是桩数及布置还要考虑到墙下端抗弯矩的因素！

土的侧向压力理论与适用状况

支挡结构设计中，土的侧向压力理论常用的是朗金理论与库伦理论。

朗金理论仅适用于墙背竖直、光滑的情况。当墙背有一定的倾角或不平滑时，有一定的误差。

库伦理论适用于 $\rho \leqslant \rho_{cr}$（其中 ρ 为墙背倾斜面与垂直面的夹角，ρ_{cr} 为水平面与第二破裂面的夹角），而且墙背粗糙的情况。它适用于墙背倾斜小于 $1:0.3$（相当于夹角 $\rho \approx 16.7°$，适用范围也是有限的，实际工程中要注意）。

朗金理论仅适用于墙背填土表面水平的状况；库伦理论既适用于墙背填土表面水平的状况，也适用于墙背填土表面为倾斜平面的状况。以库伦理论为基础的图解法更适用于各种形状的填土。

朗金理论由于假定墙背竖直、光滑，计算出的主动土压力偏大，但不超过 20%，因而计算被动土压力时比库伦理论合理，与精确值相差较小。

用库伦理论计算主动土压力较合适，误差较小。但对被动土压力，因其滑裂面是一个复杂的曲面，误差较大，且随内摩擦角增大而增大，有时相差几倍甚至十几倍。

墙背土压力值是随墙背的转动而变的，当墙背离土转动到一定量时（试验表明，墙顶位移在墙高 0.1% ~ 0.5% 时），土体内才会产生破裂的滑动面，达到主动土压力值。当墙背向填土侧挤土转动到一定量时（试验表明，墙顶位移约为墙高的 5% 时），土体内才会产生破裂的滑动面，达到要求产生的被动土压力值。所以，设计时选用计算挡土墙的计算公式，要视墙顶位移的情况，不可主观决定。

对于高大的挡土墙，通常不容许出现达到极限状态的位移值，因而土压力值就只能取主动土压力和静止土压力的中间值，因此，在主动土压力计算式中宜计入一个增大系数，此时主动土压力计算公式为

$$E_a = \Psi_c \frac{\Gamma h^2 K_a}{2}$$

其中，Ψ_c 为主动土压力增大系数，土坡高度小于 5 m 时宜取 1.0；土坡高度为 5 ~ 8 m 时取 1.1；土坡高度大于 8 m 时取 1.2。

K_a 为主动土压力系数，可以参照《建筑地基基础设计规范》推荐的图表取值。

对于挡墙的上端不允许移动的情况，如地下室有顶板的侧墙，宜用静止土压力模型。

水泥粉煤灰碎石桩的认知

水泥粉煤灰碎石桩（简称 CFG 桩）是一种界于柔性与刚性但偏于刚性的桩，它可以如刚性桩一样只在建筑物基础下布置。它不是很适用于南方地区高地下水位淤泥质土层。

CFG 桩，通俗地讲，相当于用部分粉煤灰替代了部分水泥的低强度素混凝土桩。

据有关资料介绍，其抗压强度约为 C20 混凝土的 0.5 倍，其抗拉强度约为 C20 混凝土的 0.35 倍。

CFG 桩常用长螺旋杆成孔，中心压灌成形，桩径常为 350～600 mm，桩距宜为 $3.5d$～$6d$。

CFG 桩顶宜有垫层，垫层能分散桩顶的应力集中，垫层越厚作用越大，但试验说明大于 300 mm 时应力已无明显变化。垫层厚度宜为桩径的 40%～60%。

试验证实，垫层能使土承担较多的水平荷载。这缓解了普通桩难承担较大水平荷的问题，可以解决部分其上有水平荷的抗滑稳定问题，当然能承载的水平荷情况要视具体分析而定。

计算的柱轴压比超出规定时的弥补措施

现实中，常有这样的疑问：当计算的柱轴压比超出规定时，可否用其他措施来弥补其不足？

专业规范的条文是针对参与工作的所有各个专业人员的，其中大部分人并不一定了解相关规范制定的较深层的原因，只要按条文执行就可确保是安全的。也就是说，我国执行的是规范设计。了解了制定规范条文的意图，如能找出、采用符合此要求的其他措施，也应是符合规范精神的，也应视作规范设计！这个轴压比问题也是可作为活用规范的例子的。

限定框架柱的轴压比的目的，是希望防止钢筋混凝土框架柱发生小偏心受压状态的脆性破坏，要求具有较好延性功能的大偏心受压破坏状态，从而保证框架结构在罕遇地震作用下，即使超出弹性极限，仍具有足够大的弹塑性极限变形能力（即延性和耗能能力），从而实现大震不倒的设计目的。

科研指出，影响柱截面延性功能大小的有五大主要因素；第一是箍筋的横向约束力（包括体积配箍率，箍筋的强度与构造形式）；第二是核心区混凝土的极限压应变能力（即混凝土强度等级）；第三才是轴压比；第四是纵向钢筋的配筋率与强度；第五是柱截面的形状。

所以，笔者认为，对那种肯定只发生大偏心受压破坏的柱就不一定要严格按规范的这个限值规定取值。当计算中出现柱轴压比过大的情况时，也可用其他四个因素（尤其是可用增强箍筋的功能和核心区混凝土强度），作为对计算柱轴压比过大的改善措施。当柱截面面积受限时，这是适宜的措施。

地基承载力特征值的修正

地基的承载力一般都是在宽度小于 3 m、埋深小于 0.5 m 的情况下测试出来的特征值。如实际的基础宽度、深度超过测试时的标准，在同样的基底压力下，实际的附加压力就要减小，因此就要修正。

经人工处理后的地基承载力测试的标高，一般都在设计的基础底面，对测试数据的使用，笔者认为，要视工程具体情况而定。

当处理的平面范围不是单个基础，而是建筑在整个大面积区域，处理深度从设计基底开始向下的厚度满足了设计要求时，对于建筑物内部的柱基，可以考虑按回填土（须在上部结构完成前回填完成）性质，依规范做深度修正，但因上层通常为一般的回填杂土，深度修正是针对基础以上的回填土的，作为边荷载对基底以下岩土的约束作用，深度修正系数建议不宜大于 1.0，宽度修正应视处理的平面范围而定，如为大范围处理（一般是指基础边以外，大于两个基础宽度）可考虑修正，如为仅对单个基础底进行处理则不宜考虑。笔者认为当对现场的换土垫层的质量、范围难于控制时，为安全计，建议修正时要谨慎。

当处理的平面范围只是针对个别深基坑基础底面时（或每个基础各自处理），则其现场承载力测试数值，通常已包含了周边土自重的边载影响，这实际上就是已将深度影响考虑进去了，所以不宜再做深度修正。

混合式地基的应用

混合式地基应用是笔者按地基受力机理，在软弱土层上同时满足水平抗滑、垂直承载要求的一种综合型地基基础设计方案。

当在软弱地基上，需要设计能同时满足抗水平推力（抗滑）和垂直荷载的基础时，常遇到水平力很大，用来承载垂直荷的桩数实际需要根数较少的情况，而在这种地层中桩的抗水平荷能力又很弱，以致不能满足设计要求抗滑的情况。

笔者采用如下方式较合宜地解决了此难题。

在软弱地基上解决承载力问题，当软弱层深厚时，桩基是常用方式，当垂直荷载不是很大时，桩数较少，水平抗滑靠软弱层中的桩来承载是不现实的（桩顶端的水平位移也不允许）。这时，垂直荷与水平荷可分别由桩和基础的自重与地基产生的摩阻力承担。但须按如下施工顺序要求进行：

首先，施工垂直荷需要的桩（桩的平面布置应按桩设计规定）。

其次，待桩强度达到 70% 以上后，凿平修正桩顶至设计标高（质量要求与做桩承台要求相同）。

再次，在桩顶上部做 300 mm 的级配砂垫层（由中、粗砂构成），压实系数为 0.97。砂垫层的平面尺寸，要求四周均比基础扩出 500 mm。

然后，在砂层上做建筑物的基础。

最后，设计计算时，垂直荷载由桩承担，水平荷载及抗滑移由基础（包括与水平荷载同时产生的垂直荷载）与地基土层产生的摩阻力承担。

同一建筑物下不同基础类型的应用问题

两种不同的基础型式可否在同一建筑物下采用，主要决定于工程的地基的力学性能，如在由基础传递的力的作用下，产生的地基沉降是否相近（即在规范允许范围内），以及上部荷载差异是否巨大，而与基础自身几何尺寸的型式关系较小。

通常，一个建筑物是不宜支承在两种力学性能相差很大的地基上的，例如，岩石与软土层，坚硬的原状土与新回填土，等等。

当两个建筑单元荷载差异巨大，如高层中主楼与裙房，多层中楼层高差在三层及以上时（地基为软土层），如无专门措施，也是不宜整体连接在一起的。

以上不宜整体连接或采用的原因是两部分的地基承载能力或荷载差异很大，引起的沉降值相差也大，没有专门合适的措施，上部连接处无法适应，易造成结构性破坏的质量事故。

但是，并非基础型式不同就不能同时采用。

例如，筏基与条基甚至独基，在地基条件相同情况下，在一般多层建筑中，是可以同时采用的，但必须使其基底的附加应力是等量级的。具体的调整方式要视工程情况而定。例如，当一个建筑物由筏基与条基组成时，可先按地质资料提供的岩土承载力特征值用计算程序求得筏基（筏基底面尺寸可先按构造要求设定）基底的反力 f，这时条基的宽度是由电脑按岩

土的特征值 f_a 求得的。为了调整条基基底反力 f_a，可以重新以求得的筏底反力 f 为地基的设计承载能力，再经电脑验算，便可得到数量级基本协调的基底反力数值。

又如，在山区坡地上建房，常会遇到上坡处岩石已裸露，下坡处岩石埋藏很深的情况，此时可采用深基础或桩基，使下坡的基础也支承于同一岩石层上。由于岩石的承载能力很强，地基的沉降量很小，所以也是可行的。关键是要使两种不同型式的基础的沉降差减至最小，理论上是趋向于零为最佳。

近年来，有人提倡在同一建筑基础下采用长、短桩来调节房屋的不均匀沉降，其指导思维也是认为只要使沉降差控制在规范允许范围内就行，只是实施过程技术难度较大，不易实现！

合理分析使用电脑计算成果

计算机以及与其相匹配的空间结构内力和变形分析程序，在理论上是较完善的。但它是建立在纯理论基础上的，例如，框架的梁、柱在计算中只认为是轴线相交的线形杆件。

而实际上，它们并不像理论计算那样在承受荷载的过程中保持在同一平面内工作，只是在节点内力分配时采用考虑其偏心距，或增加节点荷载、改变杆件的刚度等方式来弥补。但这样的内力分配与实际杆件的截面、刚度分布是不相符合的。有剪力墙的体系更是把墙按"薄壁或壳体单元"来考虑，其与实际情况仍是相差较大的，甚至相去甚远。而且由于使用计算机的人员往往对该程序的基本理论假定、应用范围和限制条件等认知和理解深度有差异，或输入数据有误（包括几何图形、荷载和构件尺寸等，常达几百、几千类数据），都会造成计算结果与实际状况不符，特别是在边界条件的模拟假定与实际受力状态很难相符的情况下，误差更大，从而使貌似精确的计算结果不正确。

另外，现行的设计体制大都是由一人上机进行图形和数据的输入，也可谓"暗箱操作"。输出的已是荷载组合以后的结果（组合以后的内力和配筋等）。要复查整个上述过程中是否有错误相当困难，一般情况下只看输出结果是否满足规范要求，不超限就算合格，而并未核检其过程、结果本身的正确性（这正是最易忽略的问题，最容易犯的错误！）。

要想提高设计的效率和创新技术水准，只有结构设计人在方案阶段就与建筑师（及工艺设计师)密切合作,用自身理解的结构体系功能及其受力、变形特征的整体概念去构思结构总体系,并以承载力、刚度和延性来主导总结构体系和分体系之间关系的概念设计思维方式,才会显示实效。

同时，在初步设计阶段，通过概念分析、近似计算来不断反馈和优化，直至最后确定该结构设计方案的可行性，及其主要分体系和构件的基本尺寸。

这样的方式，也可用在施工图设计阶段对计算成果的分析、判断，以减少因误差较大引起的变更和反复。

相对而言，高层计算比多层计算要考虑的问题又复杂得多，电脑程序计算的成果更不易与工程实际接近（包括那些不规则的工业厂房），所以，千万别只看输出结果是否满足规范要求，不超限就算合格，要用自己掌握的知识辅以定性分析后再下定论。

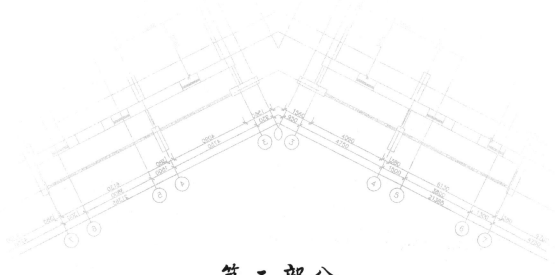

第二部分
技术专题论述

钢柱下的基墩

本文想要阐明的是，在设计钢柱的基墩时，要注意的基墩结构构造尺寸的要求，它以假定基墩不发生位移为前提。

如图 2.1 所示，当满足 $h_1 \leqslant a_1/2$ 及 $h_1 \leqslant b_1/2$ 时，钢柱脚墩面有足够刚度将柱脚处内力传递到基底，与计算假定的支座情况较相符。

如 h_1 大于此值，墩顶面会有微小的变形及位移，h_1 越大，变形及位移量也越大，会影响上部计算模型的正确性。当出现这种情况时，可以采用下述措施来改善对上部计算模型的影响：

第一，增加一个基础台阶如图 2.2，但增加的第二台阶需要满足 $h_2 \leqslant a_2/2$ 及 $h_2 \leqslant b_2/2$，若不能满足可再增设第三台阶，以此类推。

第二，基底埋深大（基墩为柱状）时，可在钢柱底，基墩顶增设水平基础连梁，以增加钢柱底的嵌固效应。

第三，将钢柱底下降，这样计算模型的钢柱要加长。埋入地下的钢柱要有防腐、防锈措施。

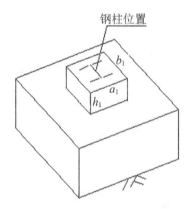
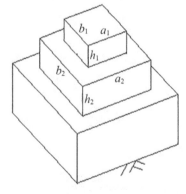

图 2.1 基墩不发生位移　　　**图 2.2 基墩发生位移时的处理**

钢结构设计的认知

钢结构由于其强度高，故其构件壁薄且较细长，稳定问题突出，需要特别重视（包括它的变形限值）。它的防火、抗腐蚀要求也是着重点。它是一种重量轻、制作方便、工期短、维护方便的结构。

钢材类型：建筑结构用钢的钢种主要是碳素结构钢和合金钢两种，建筑钢材只使用低碳钢（碳含量小于等于 0.25%）。低合金钢是增添了一些合金元素炼成的钢，目的是提高强度、冲击韧性、耐腐蚀性等而又不降低其塑性。

建筑结构和桥梁用结构钢质量等级，用符号 A 表示不要求冲击试验，用符号 B,C,D,E 分别表示冲击试验温度为 $+20℃,0℃,-20℃,-40℃$。如 Q420q-C 表示屈服强度为 420 MPa，且要求具有 0℃冲击韧性的桥梁钢。

一、基本设计规定

我国钢结构设计，采用以概率理论为基础的极限状态设计法。极限状态的定义为：结构或结构的一部分超过某一特定状态就不能满足某一规定功能的要求，此特定状态称为该功能的极限状态。

承载能力极限状态为结构或构件达到最大承载能力或达到不适于继续承载的变形的极限状态。

正常使用极限状态为结构或构件达到正常使用或耐久性能的某项规定限值的极限状态，在钢结构中包括变形和振动。

拉杆也要验算长细比，若长细比过大，拉杆可能会因自重而明显下垂，也可能在动力影响下发生较大振动，这些都会影响它的正常使用。

钢材在受拉达到屈服点 f_y 后并不会断裂，而是会有在应力不增情况下的大应变（可以达到 2.5%），而后再上升到强度极限 f_u。

我国钢结构设计中用的拉、压、受弯极限设计强度都是由 f_y 除以分项系数得到的。

二、受弯构件设计要点

受弯构件除了要做强度验算，重点是要进行稳定性验算。

稳定性验算有两个方面：

1. 整体稳定

梁在失去整体稳定时，将发生较大的侧向弯曲和扭曲变形，因此，为了提高梁的稳定承载能力，任何钢梁在其端部支承处，都应采取构造措施（支座必须有"夹支条件"，即支座处梁截面绕强轴能自由转动且翘曲不受约束，但必须保证不能侧移和扭转），以免影响其正常的抗弯应力状况（当有密铺能阻止受压翼缘侧向位移时，可不验算整体稳定）。

2. 局部稳定

局部稳定是指截面的腹板、翼缘板发生屈曲的问题。一般的措施是增大板厚（板宽与板厚度之比，规范有规定），或增用加劲板。

另外，工程中常遇到伸臂梁（指由邻跨延伸出来的悬梁，其支承端不是固接的支座，而是内跨的一个边支座）。考虑到这个不利影响，规范提出，在计算伸臂梁时，梁长应该用修正后的计算长度即 $l_0 = \mu l$，其中，当荷载作用于上翼缘时取 $\mu = 2.5$，荷载作用在下翼缘时可用 $\mu = 1.0$。用这种方式可弥补其不利的状况，但也不能保证支座处截面有扭曲状况时的稳定，设计时需要有构造措施给予保障。

三、轴心受力构件

轴心受力构件包括轴心受拉、受压、拉弯、压弯四种。要重点理解的是压弯构件的受力状况及设计要点（强度、两个方向的整体稳定、局部稳定）。

对格构柱，须依规范专门分析计算论定。（格构式压杆不同于实腹式压杆的特点，主要是当杆件绕构格柱的虚轴弯曲时，剪力引起的附加变形不可忽视。也就是说，其中绕虚轴的弯曲刚度，低于另一方向实腹式压杆的弯曲刚度，从而使直接受这一刚度制约的临界压力必然有所降低。）

在压杆中间设置支撑点是提高其承载能力的有效办法。对柱列的支撑设置可有效提高柱列的稳定性，但支撑的位置不同，它的受力也有区别。支撑的柱列数不宜超过 8。

四、钢桁架结构注意点

桁架是杆系组成的平面结构体系，它的计算模型是按结构只应在平面内受荷和变位构建的，所以必须有保证这状态（指保障荷载作用与桁架在同一平面内）的构造措施。那些不考虑桁架平面外的支撑措施的单榀桁架是不稳定的。现在有些交通人行天桥的栏杆，是利用支承桥面的桁架上弦杆，即将桥面置于桁架的中间，桁架的顶面并没有水平支撑，这样的桁架体系是不稳定的，有可能出现侧向失稳的安全问题。

浅聊钢屋盖及支撑

一、屋盖类型

按结构体系划分，屋盖类型可以分为有檩屋盖和无檩屋盖。这主要取决于屋面材料类型，如屋面材料为石棉、瓦楞铁、钢铺板、槽瓦等轻质材料时，宜采用有檩屋盖，如屋面材料为大型的混凝土屋面板，则宜采用无檩屋盖。

屋盖的选型，要根据建筑和工艺生产的要求，将来技术改造的可能，屋面材料及材料供应情况，有无悬吊设备，施工吊装能力，以及进度要求等综合考虑。一般情况下，轻屋面采用有檩屋盖体系，重屋面采用无檩屋盖体系。

二、作用在屋盖上的荷载

作用在屋盖结构上的荷载，有恒载（屋面重量及结构自重）、屋面均布活荷载、雪荷载、风荷载、积灰荷载、吊车荷载（只指悬吊在屋架上的）及其他荷载等。设计檩条时，有时还应考虑检修时集中荷载的作用。对于施工荷载，应尽量采用临时加固措施解决。

表 2.1　屋盖构件重量表

屋盖构件	构件重量（kg/m²）		
	轻屋盖	中屋盖	重屋盖
屋架	16～25	18～30	20～40
托架	6	4～7	8～20
支撑	3～4	3～5	8～15
檩条	10～12	12～18	12～16
天窗架	10	8～12	8～12

注：屋面荷载（不包括屋架和支撑重）不超过 100 kg/m²（水平投影）者为轻屋盖；100～250 kg/m² 者为中屋盖；250 kg/m² 以上者为重屋盖。

三、单层厂房排架的支撑

厂房排架体系是由柱及屋顶横向结构组成的承重结构，一般为超静定结构。各排架之间是由屋面、托架（有拔柱时才设置）、屋盖支撑互相连接在一起的，故排架实际上是空间结构。在电脑计算应用还不普遍的年代，完全用空间计算条件不够成熟，故实际运用中基本是简化为平面结构来计算的。

厂房的纵向刚度和稳定，如承受山墙传来的风力，承受吊车梁的纵向水平制动力，承受其他的纵向力（如温度应力），都是由柱间支撑来实现的，所以，柱间支撑是排架结构必不可少的、重要的结构构件。由于设计时柱间支撑一般是选用国家通用图，不经设计人专门计算，故常被误认为是不重要的构件，甚至认为其可有可无，可随意删减，这种认知是非常错误的。

柱间支撑按其位置和功能有如下几种形式：

（1）柱在屋架高度范围内的立撑；

（2）柱在屋架高度范围内的上下系杆（水平杆）；

（3）上柱支撑（吊车梁下，柱牛腿以上到屋架支承面）；

（4）下柱支撑（柱牛腿以下）；

（5）下柱系杆（水平杆）。

近年来，也曾出现采用纵向与柱整体的现浇混凝土梁，来代替柱间支撑的设计。笔者认为，这在理论上似乎是成立的，但它已不是前述的排架结构体系了，这样设计的前提是必须经空间体系的计算，纵向框架的构造必须符合规范框架的有关规定。应用程序时，当屋面采用有檩体系时，因其横向整体刚度很小，宜视作屋面板开大孔的模型，对保证屋架的整体刚度和纵向稳定必须要有可靠的措施。

存在的不确定问题是：一般情况下，排架的跨度方向尺寸远大于开间尺寸（用作框架计算平面的尺寸），而从基础到屋顶的整个框架侧面没有任何横向的支撑（除屋面是铰接支承外）。所以，在实际受荷时，要使其变形状态符合框架计算模型的要求，保证纵向框架仍基本保持为一平面状况而不发生大的挠曲，对于只有一榀的多层框架而言是很难做到的。

《建筑抗震设计规范》（GB 50011—2010）[1] 第 5.5.1 条规定，混凝土框架的弹性层间位移角限值为 1/550，就包含着控制侧向变形的要求。

另外，采用纵向框架，梁柱节点为刚接，一般需要整体浇筑，会因施工程序要求而拉长施工期，有时会成为主要矛盾。所以，笔者认为，在工程实践中，以尽量不采用纵向框架形式为宜。

---

[1] 《建筑抗震设计规范》2016 年有局部修订。

人工挖孔桩、桩距的讨论

一、问题的提出

人工挖孔桩的施工工艺简单，只要安全措施得当，在岩土资料合适的条件下，是既经济又可靠的桩型。人工挖孔桩由于其深度较浅，在绝大多数情况下，只考虑其桩端部的承载力，而不计侧面摩阻力，也就是所谓的纯端承桩。因持力层都选用坚硬岩土，其承载力一般是很大的，使用时常为一柱一桩或一柱二桩。桩与桩之间距离过近，会影响到桩端的承载能力，故国家规范中对桩间距有明确规定。

由于现代的建筑平面、立体布置均较复杂，布置桩位时又要求上部传下的竖向永久荷载合力作用点，应与桩中心重合。工程实践中，经常会出现满足不了规范规定的"桩端净距不宜小于 1 m"的情况，有时很使设计人员为难，甚至不得不选用一个结构力学传递模型并不合理，而且又不太经济的布桩方案。这就提出了这样的问题：人工挖孔端承桩净距可否缩小？缩小时会发生何种不利情况？用何种方式可以在设计中预先考虑进去？

笔者就此根据规范要求及工程实践，提出一点看法以供同行参考。

二、人工挖孔桩、桩净距的规定

《建筑地基基础设计规范》(GB 50007—2002)第 8.5.2 条[1]中规定："……扩底灌注桩的中心距不宜小于扩底直径的 1.5 倍，当扩底直径大于 2 m 时桩端净距不宜小于 1 m……"

---

[1] 《建筑地基基础设计规范》已更新为 2011 年版，原第 8.5.2 条已变更为第 8.5.3 条。

《建筑桩基技术规范》（JGJ 94—94）第 3.2.3.1 条[1] 中规定：灌注桩扩底端最小中心距为 $1.5D + 1$ m（当 $D > 2$ m 时），其中 D 为扩大端设计直径。

第 5.2.9 条[2] 中规定：端阻力要考虑效应系数 ψ_P，对砂土、碎石 $\psi_P = (\frac{0.8}{D})^{\frac{1}{3}}$，对黏性土、粉土 $\psi_P = (\frac{0.8}{D})^{\frac{1}{4}}$，即下端支承处桩直径超过 0.8 m 时其端阻力要折减，D 越大折减得越多。

三、两桩净距小于 1 m 时端阻力变动情况

当两桩的端部净距不小于 1 m 时，依据规范规定，可以认为每个桩的端阻力不受其他桩影响，独立发挥作用；当净距由 1 m 逐渐缩小时，桩与桩之间就会互相干扰，对桩端下部的岩土应力分布影响已不容忽略；当净距缩至 0 时，也即两桩下端正好接触时为最甚。

当我们把刚接触的两个桩作为一个新的扩底桩时，就可以应用规范中的公式了。

假设两个桩扩大的直径是相同的，即直径均为 D。

对单桩而言，其端阻力效应系数为 $\psi_P = (\frac{0.8}{D})^{\frac{1}{3}}$（这里岩土以砂土、碎石类土为例）。

当两个桩的扩大头刚好接触时，可以认作扩大头为 $2D$ 的一个桩来考虑。此时的端阻力效应系数为

$$\psi_P = (\frac{0.8}{2D})^{\frac{1}{3}} = (\frac{1}{2})^{\frac{1}{3}} \times (\frac{0.8}{D})^{\frac{1}{3}} = 0.7937 \times (\frac{0.8}{D})^{\frac{1}{3}}$$

与单桩相比较，就是乘上一个系数 0.7937，由于两桩的不利影响，在净距为 0 时是最大，所以当两桩净距小于 1 m 时可以考虑对端阻力效应系数乘上一个折减系数（0.7937）用来控制由于净距不足带来的影响。

---

[1] 《建筑桩基技术规范》已更新为 2008 年版。原第 3.2.3.1 条在 2008 年版中为第 3.3.3 条。

[2] 在 2008 年版《建筑桩基技术规范》中为第 5.3.6 条。

四、结语

通过以上分析，笔者认为，在只考虑端阻力的人工挖孔桩时，两桩的净距可以小于规范限定的 1 m，但其端部的承载力必须给予折减（岩土的承载力特征值仍应按规范要求采用深层平板载荷试验确定），这对于布置一个经济合理的桩基方案是有很大参考价值的。

人工挖孔桩设计中常遇到的问题

一、桩端承载力取值问题

人工挖孔桩因其粗看类似一般的深基础，过去，不少工程曾以深基础地基承载力修正的方式来确定其承载力。

这种方式，对埋深在 5 倍桩径以内，且持力层承载力不是很大的非硬质岩土，是有近似价值的，但对较坚硬的岩石类并不适合。规范提出采用现场深层平板测试值是很明智的（详见 JGJ 94—2008《建筑桩基技术规范》第 5.3.2 条第 2 项），这也避免了一直在争议的问题，即大直径的较浅的挖孔桩采用普通桩的计算理论公式是否合适，究竟埋深多深才视作"桩"的问题。

此前有用桩长为 6 m 及以上作为挖孔桩的，也有用桩长大于 5 倍直径为界限，视作挖孔桩的，还有由设计人按经验分析决定的。

二、谨慎对待桩的侧面摩阻力的使用

对于人工挖孔桩的侧面摩阻力的使用，要十分谨慎。

因为人工挖孔桩的周边难免有回填土，它的填土空间不大，很难填实，更不用说要它对先于填土形成的桩体起有效的正摩阻力了。所以，笔者建议，对长径比在 10 以下的人工挖孔桩，考虑侧向的有效摩阻力时要谨慎！一般情况下不宜考虑，以策安全。

至于不密实的周边回填土的负摩阻力，应视工程情况决定是否需适当考虑。

三、不要遗漏桩自身的重力荷载

挖孔桩由于直径大，自重就很大。又因为桩底岩土承载力是现场孔底测得的，此值已包含了周边各综合因素的影响，而桩的自重是后加的载荷，故不应遗漏。

四、人工挖孔桩在工程设计中常遇到的问题

1. 桩距问题

规范对桩距的限制，是为了减少受力桩在岩土中因应力扩散区重叠造成对侧阻力的影响。对于支承在坚硬的岩土（如岩石）上的情况，本来就不用考虑侧摩阻，似乎就可不考虑这一限制。但是，当两根桩很靠近时，桩端下的岩体应力也会因重叠而加大。对此类情况，适当减小桩端下岩层的承载能力是合适的。当人工挖孔桩桩距很小时，可对已确定的承载力特征值加以 0.8 的折减（其推导来源，详见本书《人工挖孔桩、桩距的讨论》一文）。

2. 桩体下端扩头问题

只有持力的岩土层强度小于桩体混凝土强度时，扩大桩底面积（扩大头部）才有实际意义，否则桩的承载能力是受桩本身混凝土截面的强度控制的。

3. 过分大的直径的承载力取值要慎重

因常用的 800 mm 直径的试压板面积太小，难以代表很大直径（如大于 2.5 m）的实际状况，建议对特别大的桩径，开挖完成设计直径的空间后，在同一基坑内做多个测试点，取其平均值，再参考规范扩大折减的系数修正。

4. 多桩承台的应用问题

人工挖孔桩是直径大于等于 800 mm 的大直径桩，单桩承载力已很大，

一般宜按一柱一桩方式（即单桩承台）布置。有特别需要时，也不宜超过四桩承台，以利于承台下各桩应力的自行调整。在不少情况下，对大直径桩，宁可采用更大的桩径也要尽量避免用较小直径的多桩承台（以免它还要依靠承台来调整柱下的巨大内力）。

5. 桩筏基础

从纯理论上分析，桩筏基础是需要各基点的桩按变形（沉降）协调要求调整的，这不仅要靠底板的巨大刚度，还要求对持力岩层的变形有适应协调的能力。所以，对特别坚硬的岩层，采用桩筏基础的可行性应持谨慎态度，是要专门分析研究的。

桩承载力安全系数的理解及应用

我国现行房屋设计中,地基设计的安全理论采用的是单一安全系数法,也就是将现场试桩的极限值除以安全系数 K 即为设计所需的特征值。历次的规范变更凡涉及这 K 值的解说,都是从大的概念上出发的,只说是涉及因素多、变化大,根据国家经济发展状况而确定,并没有解说取这么一个具体的数值的确切含义。

根据工程经验和被国家建科院所认可的一些资料,笔者试图做一些帮助理解的解析:

规范规定,在桩基设计中,将静载试验的极限值除以 K(我国用 2)即为设计所需的特征值。为什么不用小于 2 的数,或 3、4 等大值呢?其实在欧、美、日等地用的都是大于 2 的数,这与它们经济发展程度高,可以为基建安全做较多的付出有关。也就是说,当国家经济实力雄厚时,可以提升安全保障程度,加大 K 值。

目前我国 K 值虽然只取了 2,但对安全等级较高的工程,规范规定桩的承载能力必须要在做静载试验后得出,从而较大地弥补了因 K 值小而影响安全可靠性的问题。

有关的试验资料和工程实践显示,多桩承台中不同位置的桩承担的情况是不同的,角桩的实际承载力可达 $1.5R \sim 1.6R$,外边桩可达 $1.1R \sim 1.2R$,承台中间桩仅为 $0.6R \sim 0.7R$(R 为该承台下桩承担的平均值)。整个承台共同受力是要通过承台强大的刚性才得以调整的。对于桩数少的如三桩及以下的承台,在正常的轴向受压情况下,各桩的承担是基本均匀的,就是比多桩承台中的桩更接近平均值,也就是承台内的每一根桩,更接近于试桩结果的平均值。考虑到同一工程中各承台下的地质情况并非完全一致,会有误差,以及每根桩的材料和施工过程中的质量(包括人员素质)差异,根据统计，取 K 值为 2 已是很经济的数值了。因此，工程设计中，对桩的承载能力试验一定要充分重视。取 K 值为 2 的规定，按粗浅通俗的解读即是在同一工程的局部地区，同类型规格的桩的承载能力，对未做现场测试的桩，最大可能变幅可能会出现的误差达到测试值的 2 倍（测试要求 K 值）或 1.5 倍（地震作用时的 K 值）的现实。这当然是依据我国历年来工程实践和科学试验统计分析的结论。

据以上情况，笔者认为，对一个有丰富工程经验、有充分基础理论知识的设计人来讲，在处理一根承载力有偏差的工程桩等个别问题时，会留有相当的回旋余地。可以根据现场地质情况、桩身质量情况，以及沉桩的质量情况进行分析，以比较宽松的要求来判断该桩的实际承载能力是否满足本工程要求。

但这个桩的极限值，必须控制在以下条件内：

第一，《建筑桩基技术规范》（JGJ 94—2008）第 5.2.1 条规定，在荷载效应标准组合下，偏心竖向力作用下应满足：

$$N_{k\max} \leqslant 1.2R$$

第二，《建筑桩基技术规范》（JGJ 94—2008）第 5.2.1 条规定，在地震作用效应和荷载效应标准组合下，偏心竖向力作用下应满足：

$$N_{Ek\max} \leqslant 1.5R$$

其中，R 为基桩或复合基桩竖向承载力特征值。

也就是说，仅是理论上的要求，其承载力也不能小于 $1.5R$。考虑到地质情况、桩身质量情况，以及沉桩质量情况的差异，笔者认为，在处理局部工程桩时，当对某个被质疑的桩做了静载试验，并且若其测试的极限值能大于等于 $1.5R$，可以认为它能满足工程安全要求。因为对这根具体的桩，所有影响桩的承载能力的因素在静载测试的成果中均已经体现，无须再以概率理论来定论。

但要郑重指出：上述观点是不符合规范条文对抽样试桩的要求的，所以不能把这作为整个工程正式的标准来用，更不能为了经济利益加以推广！只有工程经验丰富、有充分基础理论知识，又对现场情况详细了解的设计人，才能针对个别不满足 $K \geqslant 2$ 的工程桩，在有它的现场测试值的前提下，按上述酌情处理。

由于国家规范的应用是针对全国各地区的，所以要顾及各种普遍情况，其安全要求相对较严。而这种处理一个工程中的具体单根桩的承载力的要求相对可以放宽，它的安全性也是有保障的。

笔者做一个假定：在对一个工程项目的每一根工程桩都做静载试验的情况下（当然这是不现实的！），如果每根桩都达到了大于 $1.5R$（规范规定的地震作用效应和荷载效应标准组合下，偏心竖向力作用的控制值），还有必要要求 $K \geqslant 2$ 吗？所以，笔者认为，对一根具体指定的个别桩，如有了它的静载试验，不妨宽松处理，将经济与安全兼顾起来。

怎样判别建筑形体及其构件布置的规则性

所谓建筑形体，指的是整个建筑的平面形状以及立面、竖向剖面的变化。这常使建筑专业与结构专业的要求发生矛盾，但这是正常的，最终要统一到规范上来。

《建筑抗震设计规范》（GB 50011—2010）[1]的强规条文第3.4.1条规定："建筑设计应根据抗震概念设计的要求明确建筑形体的规则性。不规则的建筑应按规定采取加强措施；特别不规则的建筑应进行专门研究和论证，采取特别的加强措施；严重不规则的建筑不应采用。"规范所附条文说明中，特别指出："本条主要对建筑师设计的建筑方案的规则性提出了强制性要求。"

"规则"包含了对建筑的平、立面外形尺寸，抗侧力构件布置、质量分布，直至承载力分布等诸多因素的综合要求。"规则"的具体界限，随着结构类型的不同而异，需要建筑师和结构工程师互相配合，才能设计出抗震性能良好的建筑。

规范对三种不规则程度的主要划分方法如下[2]：

1. 不规则

不规则，指的是超过《建筑抗震设计规范》（GB 50011—2010）表3.4.3-1（在本书中，为表2.2）和表3.4.3-2（在本书中，为表2.3）中一项及以上的不规则指标。

---

[1] 《建筑抗震设计规范》2016年有局部修订。下文所说表3.4.3-1和表3.4.1-2已有变动。

[2] 参见《建筑抗震设计规范》（GB 50011—2010）所附条文说明第3.4.1条。

表 2.2　平面不规则的主要类型（即《建筑抗震设计规范》表 3.4.3-1）

不规则类型	定义和参考指标
扭转不规则	在规定的水平力作用下，楼层的最大弹性水平位移（或层间位移），大于该楼层两端弹性水平位移（或层间位移）平均值的 1.2 倍
凹凸不规则	平面凹进的尺寸，大于相应投影方向总尺寸的 30%
楼板局部不连续	楼板的尺寸和平面刚度急剧变化，例如，有效楼板宽度小于该层楼板典型宽度的 50%，或开洞面积大于该层楼面面积的 30%，或较大的楼层错层

表 2.3　竖向不规则的主要类型（即《建筑抗震设计规范》表 3.4.3-2）

不规则类型	定义和参考指标
侧向刚度不规则	该层的侧向刚度小于相邻上一层的 70%，或小于其上相邻三个楼层侧向刚度平均值的 80%；除顶层或出屋面小建筑外，局部收进的水平向尺寸大于相邻下一层的 25%
竖向抗侧力构件不连续	竖向抗侧力构件（柱、抗震墙、抗震支撑）的内力由水平转换构件（梁、桁架等）向下传递
楼层承载力突变	抗侧力结构的层间受剪承载力小于相邻上一楼层的 80%

2. 特别不规则

特别不规则，指具有较明显的抗震薄弱部位，可能引起不良后果者。其参考界限可参见《超限高层建筑工程抗震设防专项审查技术要点》中的规定，通常有三类：

其一，同时具有表 2.2 和表 2.3 所列六个主要不规则类型的三个或三个以上；

其二，具有表 2.4 所列的一项不规则；

其三，具有表 2.2 和表 2.3 所列两个方面的基本不规则，且其中有一项接近表 2.4 的不规则指标。

表 2.4　特别不规则的项目举例

序号	不规则类型	简要含义
1	扭转偏大	裙房以上有较多楼层考虑偶然偏心的扭转位移比大于 1.4
2	抗扭刚度弱	扭转周期比大于 0.9，混合结构扭转周期比大于 0.85
3	层刚度偏小	本层侧向刚度小于相邻上层的 50%
4	高位转换	框支墙体的转换构件位置：7 度超过 5 层，8 度超过 3 层

序号	不规则类型	简要含义
5	厚板转换	7～9 度设防的厚板转换结构
6	塔楼偏置	单塔或多塔合质心与大底盘的质心偏心距大于底盘相应边长 20%
7	复杂连接	各部分层数、刚度、布置不同的错层或连体两端塔楼显著不规则的结构
8	多重复杂	同时具有转换层、加强层、错层、连体和多塔类型中的 2 种以上

3. 严重不规则

严重不规则，指的是形体复杂，多项不规则指标超过《建筑抗震设计规范》（GB 50011—2010）第 3.4.4 条上限值，或某一项大大超过规定值，具有现有技术和经济条件不能克服的严重的抗震薄弱环节，可能导致地震破坏的严重后果者。因而，规范"强调应避免采用严重不规则的设计方案"。

由于没有具体的、明确的数值条件为准则，而是以概念为主体的区分原则，它的结论与设计人自身拥有的技术理论和经验是相应的，也与建筑物本身的重要程度有关联。

笔者认为，对是否为严重不规则的界定，是首先要判断的，因为这是方案能否成立的基础！在学习、分析了规范的内容后，建议符合下述情况之一的，宜列为严重不规则：

第一，在满足特别不规则的条件下，还有另一原因造成的薄弱层。

第二，同时具备了两条表 2.4 的内容。

第三，具有表 2.2 和表 2.3 所列两个方面的基本不规则，且其中有两项接近表 2.4 的不规则指标，或一项超过表 2.4 的指标较严重。

柱位偏置一侧时柱基的近似计算

当建筑物边跨的柱需要尽可能地向外移，而柱基础却没条件外移时，将柱偏置在基础平面的一侧，由于柱位偏置，甚至将柱立在悬挑基梁上偏置在柱基础外侧的形式（见图 2.3），就增加了一个大的弯矩 Ne，从而使基底边缘应力大大超过规范允许的 1.2 Pa。但有时，这也可能是两建筑物分缝处的基础结构唯一处置方式。

笔者根据以往工程应用经验，提供以下一种近似计算方法以解决此困境：

（1）先按柱下轴力 N 的 1.2 倍估算需要的基底面积，并将此基底面积布置成一个矩形，短边方向与柱偏向一致，可将长短边之比布置为 3：1 到 1.5：1 之间，应使偏移后的柱轴线到基底中心线之距 e 值既为可能又尽可能小（目的是减小附加弯矩值 Ne）。

（2）由柱下水平向内做一拉梁直至第二跨的柱基，如第一偏置柱的基底中心线到第二跨柱基中心线之距为 L（见图 2.3）。假设由柱偏置引起的附加的弯矩 Ne 只由拉梁的轴来平衡，可近似估算得因附加弯矩 Ne 引起的偏置柱基底的反力：$Ne = RL$，$R = Ne/L$。其中，R 为仅附加弯矩引起的相邻柱基底反力。

（3）将 $N + R$ 当作新的柱下轴力，验算基底面积是否与原假定面积接近（此时宜将基础自重也计入其中），如差值大，应调整面积，可用逐次渐近法求得符合工程要求的精度（一般误差值为 5% 即可）。

（4）拉梁为一拉、弯构件，拉力为 $T = Ne/h_a$，其中 h_a 为拉梁截面中线标高到偏置柱基础底的高度。这水平拉力理论上是由基柱底的摩阻力来平衡的，由于拉梁还连着第二轴线柱基，抗水平滑动应没问题。为了安全和控制拉梁的尺寸和拉力，宜使 $\mu（N + G）\geqslant T$。其中，μ 为基底摩擦系数对一般土层可取 0.3；G 为基础自重。

按 T 值可求得 h_a。可用逐次渐近法求得需要的精确度并最终确定的各项。

（5）如柱偏置后为悬挑梁上柱，应对悬挑梁做抗剪、抗弯等强度验算，如仅在基础上偏置柱，基础顶面应配置钢筋网。

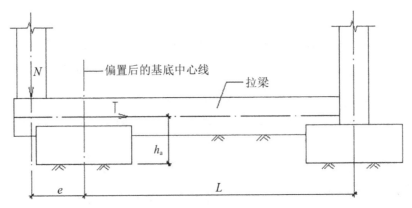

图2.3　柱位偏置一侧

混凝土构件上的后锚固要求

混凝土构件上的后锚固主要是要确定锚筋的埋入深度（钻孔深度）、选定胶粘剂的等级。据此，可按规范公式计算出设计承载能力。现列出其注意要点如下：

第一，抗震设防地区结构性构件连接时不得用膨胀型锚栓。其他情况及非结构性构件应按《混凝土结构后锚固技术规程》（JGJ 145—2013）第4.1.1 条规定应用。

第二，《混凝土结构后锚固技术规程》（JGJ 145—2013）规定，承重结构植筋的锚固深度，必须经现场试测设计计算确定，严禁按短期拉拔试验值或厂商技术手册的推荐值采用。可先行依规范按构造要求初定（详见JGJ 145—2013《混凝土结构后锚固技术规程》第 7 节），再测试确定。（有的植筋胶公司为了显示其产品性能的优质，在其商品手册中标榜浅的锚固深度。但国内实践证明，在短期的现场单筋拉拔试验中，难以体现发生在群锚植筋中的脆性破坏状况。这还与国产胶性能赶不上国际上好的产品，以及商业中发货时用另类胶代替试验时用的胶有关。）

第三，单根植筋锚固的承载力设计值尚应符合下列公式规定：（见 GB 50367—2006《混凝土结构加固设计规范》[1] 第 12.2.2 条[2]）

$$N_t^b = f_y A_s$$

$$l_d \geqslant \Psi_N \Psi_{ae} l_s$$

式中，N_t^b——植筋钢材轴向受拉承载力设计值；

f_y——植筋用钢筋的抗拉强度设计值；

---

[1] 《混凝土结构加固设计规范》已更新至 2013 年版。

[2] 在 2013 年版《混凝土结构加固设计规范》中为第 15.2.2 条。

A_s——钢筋截面面积；

l_d——植筋锚固深度设计值；

l_s——植筋的基本锚固深度，按《混凝土结构加固设计规范》（GB 50367—2006）中的第12.2.3条[1]确定；

Ψ_N——考虑各种因素对植筋受拉承载力的影响而需加大锚固深度的修正系数，按《混凝土结构加固设计规范》（GB 50367—2006）中的第12.2.5条[2]确定；

Ψ_{ae}——考虑植筋位移延性要求的修正系数。当混凝土强度等级低于C30时，对6度区及7度区一、二类场地，取 $\Psi_{ae} = 1.1$；对7度区三、四类场地及8度区，取 $\Psi_{ae} = 1.25$。当混凝土强度高于C30时，取 $\Psi_{ae} = 1.0$。

第四，据12.2.3条[3]，植筋的基本锚固深度 l_s 应按下列公式确定：

$$l_s = 0.2\, \alpha_{spt}\, d f_y / f_{bd}$$

式中，α_{spt}——为防止混凝土劈裂而引用的计算系数，按《混凝土结构加固设计规范》（GB 50367—2006）中的表12.2.3（这里为表2.5）确定；

d——植筋公称直径；

f_{bd}——植筋用胶粘剂的粘结强度设计值，按《混凝土结构加固设计规范》（GB 50367—2006）中的表12.2.4（这里为表2.6）的规定值采用。

表2.5　考虑混凝土劈裂影响的计算系数 α_{spt}

混凝土保护层厚度 c（mm）		25		30		35	≥ 40
箍筋设置情况	直径 φ（mm）	6	8 或 10	6	8 或 10	≥ 6	≥ 6
	间距 s（mm）	在植筋锚固深度范围内，s 不应大于 100 mm					
植筋植筋 d（mm）	≤ 20	1.0		1.0		1.0	1.0
	25	1.1	1.05	1.05	1.0	1.0	1.0
	32	1.25	1.15	1.15	1.1	1.1	1.05

注：当植筋直径介于表列数值之间时，可按线性内插法确定 α_{spt} 值。

---

[1]　在2013年版《混凝土结构加固设计规范》中为第15.2.3条。

[2]　在2013年版《混凝土结构加固设计规范》中为第15.2.5条。

[3]　在2013年版《混凝土结构加固设计规范》中为第15.2.3条。

表 2.6 粘结强度设计值 f_{bd}

胶粘剂等级	构造条件	混凝土强度等级				
		C20	C25	C30	C40	≥ C60
A 级胶或 B 级胶	$s_1 \geqslant 5d$；$s_2 \geqslant 2.5d$	2.3	2.7	3.4	3.6	4.0
A 级胶	$s_1 \geqslant 6d$；$s_2 \geqslant 3.0d$	2.3	2.7	3.6	4.0	4.5
	$s_1 \geqslant 7d$；$s_2 \geqslant 3.5d$	2.3	2.7	4.0	4.5	5.0

注：①当使用表中的 f_{bd} 值时，其构件的混凝土保护层厚度，应不低于现行国家标准《混凝土结构设计规范》GB 50010 的规定值；
②表中 s_1 为植筋间距；s_2 为植筋边距；
③表中 f_{bd} 值仅适用于带肋钢筋的粘结锚固。

浅谈烟气脱硫、脱硝工程结构设计

为了改善人类生活的大气环境，全球达成了减少工业排污的共识。工业烟气脱硫、脱硝是我国当前燃煤锅炉重点改造内容。当脱硫、脱硝项目生产工艺流程确定以后，工作的重心就转到了土建工程的设计与施工上，其中土建结构设计工作的内容既丰富又繁重，对电力工程生产主体而言，它是一个配套工程，但在技术层面上它绝不逊于主体工程。为了将锅炉车间生产过程中排出的废气中含有的有害物质（主要是 SO_x、NO_x）截留处理，并将处理后的废气增压后再输入烟囱，就要增建一个相应的工艺处理工段，增建或扩建一系列建筑物和构筑物（实际上是扩建一个化工工艺生产车间）。

由于须扩建、改建的工程遍布全国，参与设计的单位和设计人员众多，考虑问题的方法常有差异。笔者愿提供脱硫、脱硝结构工程设计中的点滴经验，为提高烟气脱硫、脱硝工程结构设计质量尽一点微薄之力。

一、烟气脱硫、脱硝工程总平面布置时要注意的问题

当前我国燃煤烟气脱硫、脱硝在现阶段的改造工程中，其总图位置大都是在已建主厂房区内插入，即使当初预留了位置，也会因为当时对工艺流程了解不透，或重视程度不够，而使预留的总图平面范围不尽合理或不够大，致使新、旧建筑物相距太近，易使新建建筑物基础与已建建筑物基础发生矛盾，新建各单体基础之间间距不够，等等。所以，设计人员必须进行详细的调查并全面掌握在建区内及相邻的已建的建、构筑物（含地下设施）竣工后的实际情况，包括正确的平面坐标位置、基础的型式及埋深等可靠的资料（宜有书面的竣工资料），才能在结构专业人员的密切配合

下，尽量避免新、旧建筑物（特别是基础）产生矛盾，制订出一个切实可行的总体布置方案。特别要注意，原预留的空白地区的地下很可能埋有无法改建的管道和地下设施，如不预先做妥善考虑必将造成后期难以处理的困难。

二、工程中的各类型单体及注意事项

烟气脱硫、脱硝工程中单项工程的结构类型较多，有多层（常为错层）框架结构、贮仓结构、水池及地坑、支挡结构、大型立体交义烟道支架、管道支架、高耸构筑物、动力设备基础等等。脱硫、脱硝工程改建中常因工艺流程要求在原有建筑结构上加层、加高，使原有的多层结构转变成了高层结构，并因生产工艺要求和被改建原有工程的承受能力限制，增加的上部结构常采用钢结构。

每种结构类型各自都有独特的要求。以下对工程项目中各种结构类型做一概述，以供有关设计人员参考。

1. 多层（错层）框架结构

脱硫、脱硝项目中的框架结构通常有如下的情况：

（1）平面不规则，框架柱距常不规则，且柱距变化大，楼层层高变化大，且常形成错层，总高度大都超过 24 m（要按高层规范执行）。总之是属于抗震建筑形体不规则或极不规则一类，常需要采取专门措施，如：改为框支体系；或在不影响工艺生产空间布置情况下，局部改用剪力墙；等等。

（2）楼层上设备荷载大且平面分布很不均匀。

（3）楼层上有动力设备。

（4）底层部分面积常因设有生产用料或成品等存贮库而需设专用的支挡结构（常为混凝土挡料墙）。

（5）计算柱的地基及基础时，不能忽略地面堆料的影响，由于设备基础常与柱基础平面位置重叠，也不能忽略室内外重大设备荷载对柱基的影响。

（6）由于上述原因，有部分列柱受力会很大，致使该部分柱截面尺寸明显偏大（尤其是中间列柱）。

鉴于存在上述情况，常需多次复核验算才能确定上部结构布置（包括构件基本尺寸）和基础的型式。设计人员绝不可有急躁情绪或凭主观臆断，以免留下隐患。

2. 贮仓结构

脱硫、脱硝工程中的贮仓常为圆形或矩形筒仓，单独的筒仓部分设计可按"钢筋混凝土筒仓设计规范"进行。对于布置在综合楼中的料仓，要遵守相应的规范（一般为抗震规范和高层规范）。对于采用钢筒仓的，其下部支承的框架可用钢筋混凝土结构，也可用钢结构。选用钢结构时，要特别注意保证结构体系的稳定性和节点构造性能（铰接、钢接）与计算模型的一致性。

工程中的筒仓顶面还常设置低吨位起重设备，且带有悬挑端，其支架一般为钢结构，设计人员不应该因其吨位低而不重视其结构体系稳定的要求，正确合理地设置支撑是保证结构稳定的重要措施。

3. 水池及地坑

改造工程项目中的水池及地坑，本身的计算内容主要仍为抗浮和配筋计算，但常因场地受到限制而与其他单体相距太近，而且池（坑）底与相邻柱基的底面标高相差又会很大，需要专门处理，这常会影响到建筑物基础方案的选择。故而建筑物的基础方案必须与周边的池、坑布置一起协调考虑，以免造成返工和留下疑难问题。

4. 支挡结构

工程项目中的支挡结构有两种情况：一种是普通的因室外场地要求而设的挡土墙，设计者可参阅相关资料。另一种是在生产车间的底层一定范围内，作为存贮库房，其周围的墙体即为支挡结构的竖壁，一般都采用悬臂式钢筋混凝土挡土墙，墙体不宜与柱整浇连接，宜设缝与柱分开（最简单的措施是在施工时用一块浸沥青的厚木板填充），以免巨大的水平力传给底层柱。挡墙的底板（基础）一般总是设置在柱基础顶面以上，二者上下宜间隔（净距）500 mm 以上距离，中间可用粗砂夯填，以起到缓冲扩散作用。由于作为贮料间的底层，层高很大，挡墙顶面以上应另设框架梁以支承上部墙体，不宜由挡墙直接支承。验算被压的柱基底岩土承载力时不应遗漏柱基础平面范围内的堆料压重。

5. 立体交叉烟道支架

在工程项目中，由于烟道有立体交叉布置的情况，其支架不但高，柱距也大（一般总会达到 10 多 m），而且是不规则框架。框架结构体系的布置，必须在充分理解烟道空间的走向及支承的位置后方可进行（见图 2.4）。

由于烟道一般均为钢烟道，还可能附有伸缩节、挡板闸门等设备，不仅垂直荷载大，水平荷载也非常大。又由于烟道的支承点有时不一定能直接支承在框架主梁上，因此需要专门设置次梁来支承。

就目前的计算程序而言，加在梁上的水平荷载，在最后计算输出数据时，只在框架柱及基础的成果中有反映，对烟道水平荷载引起的梁的水平方向的弯矩及扭矩均未考虑，故对有水平荷载的梁尚需设计人员人工进行补充计算，并与程序计算的结果数据叠加，谨记不要遗漏。由于抗扭的要求，梁的截面尺寸、梁端的构造要求均可能要做专门的处理。

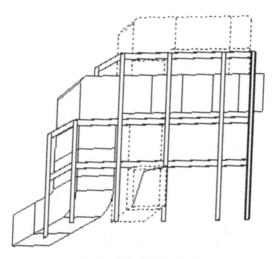

图 2.4 立体交叉烟道支架

6. 管道支架

这里指的是一般的管道支架。要特别注意固定管架的稳定计算，其计算方法可参阅一般管道支架的相关资料。在脱硫、脱硝工程中的一般管道线路不长，但方向变化多，其支架位置互相之间有时很近，可以采用（有时是唯一的）联合基础型式，由于水平作用力方向的不同，常需要人工计算才能完成。基础形状也可能不规则，有时在平面上会与厂房柱基重叠，在平面位置无法调整的情况下，可以允许其平面上有部分重叠，但在标高上应有一个空间间隔（即上面基础的基底与下面基础的基顶面宜有大于等于500 mm 的距离），这间隔可用粗砂分层夯实回填。

7. 高耸构筑物

工程项目中的高耸构筑物，一般为筒仓的高支架、独立的高楼梯等。筒仓可按有关规范设计，但因其高宽比大，故还要符合"高耸结构设计规范"的要求。对于独立的高楼梯，当高度超过 24 m 时，尚应符合"高层建筑设计规范"的要求。如为钢筋混凝土结构，为满足变形的限制性要求，有时要加大楼梯的宽度尺寸，或者直接采用剪力墙结构体系。如为钢结构一定要重视结构的稳定性能，设置好合理的支撑体系。

8. 动力设备基础

工程项目中的动力设备基础，大多为实体混凝土基础，有些基础不仅设备总重量大，占地面积也大，如增压风机基础，有时还要专门为起吊设备设置构架体系。

为了避免做繁复的动力计算（何况动力计算的基本资料在设计时，通常是难以完全具备的），对中小型动力设备，笔者建议，可以根据以下规范允许对小型动力基础允许不做动力计算。

（1）设备的重心、基础自重的重心、基础底面面积的形心（桩基时是群桩的形心）三者应重合在一条竖线上（即所谓的三心合一），当有困难时，其在平面两个方向的偏心距，均不应大于同一方向基础边长的3%。

（2）基础自重应等于或大于设备总重的 5 倍。

（3）验算地基承载能力时，只宜取其原有地基承载力特征值的 1/2 作为有效值。

三、烟气脱硫、脱硝工程对结构设计人员的要求

由于近期的脱硫、脱硝项目工程，大多是在已建电厂区中插入或预留，它属于扩建、改建工程，因而要处理新建工程与已建工程的矛盾，包括新旧建筑的连接处理和已建工程可能的局部改造。这就要求结构设计人员对在建区内及相邻已建建筑物做详细的调查，全面掌握可靠的资料，再进行具体设计工作。

由于涉及的结构类型多、技术面广，设计人员应同时熟悉钢筋混凝土结构及钢结构的设计工作，而且也要掌握特种结构的设计计算方法，这确实是一个在专业技术层面上偏高的要求。由于场地的限制，同一结构单元中新老基础（甚至新基础之间）会被迫采用不同类型基础，这就要求设计人员能灵活应用自己掌握的知识和经验，在符合规范原则的前提下协调处理好。

四、结语

综上所述，烟气脱硫、脱硝项目的结构设计工作是比较复杂的，而且各地已建的电厂由于总图布置不同，给脱硫、脱硝工段预留的位置（方位及面积）差异很大。各地区的地质、地貌也有极大的差别。各地施工队伍的技术水准和当地的习惯施工方法有很大区别。所以，当我们接手一个新的烟气脱硫、脱硝工程时，必须对当地的情况做全面的、详细的调查，取得可靠资料并全面掌握，经研究分析后，才能制订出切实可行的方案。

高层建筑结构设计概论（讨论发言稿）[1]

一、说在前面

最近的抗震规范（GB 50011—2010《建筑抗震设计规范》，以下简称"抗规"）、高层建筑规范（JGJ 3—2010《高层建筑混凝土结构技术规程》，以下简称"高规"）、混凝土设计规范（GB 50010—2010《混凝土结构设计规范》）都已将建筑高度最低分界降至 24 m（原为 30 m）。这既是为了与《民用建筑设计通则》《高层民用建筑设计防火规范》[2] 的规定相协调，也是地震灾害调研的结果。

但这一修订对工业建筑却是一个重大变动，因为于工业建筑而言，24 ~ 30 m 是很常见的高度，它不属于住宅，应类同于其他高层民用建筑标准（以 24 m 为界），它就落在高层建筑范围内了。而且使情况变得更加复杂的是，由于生产工艺的要求，工业建筑结构常常是平面布置、竖向布置均不规则。所以，即使抗震类别是丙类，在低烈度的 6 度设防地区也要进行地震作用的验算（详见"抗规"第 3.4.4 条）。这是需要特别引起重视的。

通常认为，民用建筑中，结构设计技术难度较高的为：高层建筑、大型公共建筑、地方区域标志性建筑。高规、抗规修改后，现在工业建筑结构设计也已包括了前两项内容，从而给搞工业建筑结构设计的人员创造了一个学习、提高的大好机会。

---

[1] 本次座谈会召开于 2010 年前后。

[2] 《高层民用建筑设计防火规范》现已被 GB 50016—2014《建筑设计防火规范》替代。

二、高层建筑结构设计概要

以下分六个方面来阐述。

（一）高层建筑结构设计的特点

1. 水平荷载是设计的主要因素

在低层房屋结构中水平荷载产生的影响很小，以抵抗竖向荷载为主，侧向位移小，通常可忽略不计。随着房屋高度的增加，水平荷载（风力或地震作用）产生的内力迅速增大。高层结构犹如一个竖向的悬臂构件，它的轴力与高度成正比，水平荷载引起的弯矩与高度的二次方成正比，水平荷载引起的侧向位移与高度的四次方成正比：

以均布荷为例，$M = qH^2/2, \Delta = qH^4/8EI$。

2. 对侧向位移有严密的控制

随着高度的增加，侧向位移迅速增大，高层建筑结构设计中，构件不仅要有足够的强度，而且要有足够的抵抗侧力的刚度，使结构在水平荷载作用下引起的侧向位移，限制在规定范围之内。

侧向位移过大将产生下述后果：

（1）偏心加剧，使结构产生附加内力，当超过一定值时，会引起房屋的倒塌破坏，影响正常工作和生活。

（2）侧向位移过大引起人员不舒服，增加人们的不安和惊慌。

（3）使填充墙或一些建筑装修开裂或损坏，使电梯规道变形，机电管道受损。

（4）使主体结构构件产生裂缝，甚至遭受破坏。

3. 对抗震设计要求更高

要求结构具有较好的延性，也就是在强烈地震下，当结构进入屈服阶段后具有塑性变形的能力，能吸收地震作用下产生的能量且结构能维持一定的承载力。要达到延性的要求，对结构需采取一系列的构造措施。在高层结构设计中，在一定意义上，这比计算更重要（这就是指概念设计重于数值设计）。

4. 高层建筑减轻自重比普通建筑更重要

由于层数多，减轻自重，意味着在同样地基上可多造几层房，有较大的经济效益。

减轻自重，减小了竖向荷载作用下构件的内力，更重要的是减小了地震作用下的内力，使结构构件截面变小，节省了材料，降低造价，还能增加使用空间。

（二）有抗震设防要求的高层建筑的平面形状要求

（1）应力求平面简单、规则、对称，尽量减少偏心，以防止或减轻由于扭转而产生的震害。唐山、汶川及国外一系列大地震中的很多房屋都由于扭转产生严重破坏（尤其是 L 形平面）。

（2）所谓规则的平面，是指平面局部外伸部分的长度 t 小于其（指外伸部分）宽度 b。其次平面长向尺寸 L 不宜过长，以防止不规则的扭转震动。有突出、凹入等局部尺寸宜满足规范要求。

（三）高层的楼梯、电梯布置原则

楼梯、电梯部位对楼面的刚度会造成很大的削弱，不利于水平力的传递，同时在洞口周围的楼板会产生很大的应力集中。所以，宜对洞口周围的楼板加厚，并加强配筋。

当井洞采用混凝土剪力墙时，因其刚度比框架柱大很多，对结构刚度的对称性影响很大，布置不当易产生大扭转。所以，楼梯、电梯布置时的原则是：

（1）对称，使结构的刚度中心与水平荷载作用线重合以减少扭转的影响。

（2）离角，不宜设在端角（阳角）处，以免角柱、角墙两边因皆无楼板而悬空；也不宜设在凹角处，因为此处应力集中最严重。

为保证地震时楼梯、电梯不丧失作用，便于人员疏散，楼梯、电梯间墙壁不得采用全砌体结构，最好用剪力墙井筒，至少要用梁柱形成框架（这里指的不是构造柱！），其填充墙必须与井筒框架可靠地拉结。

（四）结构竖向布置应注意的问题

竖向体型应力求规则、均匀，避免有过大的外挑和内收。

一般而言，符合下列要求时，可认为竖向体型是较规则的。

第一，外挑长度不大于 2 m。

第二，立面收进后的尺度 d' 与未收进时的尺度 d 之比 $d'/d \geqslant 0.75$。

第三，竖向刚度变化要连续、均匀，不要突变。

（1）自下而上构件截面要渐变，一般剪力墙厚度每次减薄 50 ～ 100 mm，柱截面边长每次减少 100 ～ 150 mm。混凝土标号改变宜与构件截面改变错开楼层。

（2）剪力墙宜贯通建筑物全高，当取消部分剪力墙且满足规定的比例时，要采取加强措施（如加大落地的墙和下层柱的截面，提高这些楼层的混凝土强度等级等）。

（3）当满足上面第二条，且下层刚度变化不大（指不小于上层刚度的70%），连续三层刚度逐渐降低且不小于降低前刚度的 50% 时，可按竖向规则的结构进行抗震设计。

（五）主楼和裙房之间的处理

有三种处理方式：

1. 放

两者之间设沉降缝，完全分开。通常用于地基承载力差、岩土情况复杂的情况。采用这种方式，沉降缝两侧要用双梁双柱双墙（抗震要求不宜用牛腿连接）。用此方式，地下室防水相当困难。

2. 抗

有两种情况：

（1）基础直接落在基岩上或用桩基端支承在基岩上，主楼与裙房之间沉降差极小。

（2）采用刚度很大的箱形基础或厚板筏形基础，由基础本身的强度和刚度来承受不均匀沉降产生的内力与变形。筏板有时需好几米厚。

3．调

在主楼与裙房之间的裙房一侧设后浇带，待两侧沉降稳定后再浇灌连为整体，不留永久的沉降缝。

（六）通廊的设置

一般而言，在有抗震设防要求时，两座独立高层建筑的上部，不宜设天桥连接，因为地震时的相对运动会使天桥被破坏。当必须设置时可考虑采用以下方式：

（1）当两座建筑物距离较近时，可以由两侧悬挑，中间留出防震缝的宽度。但悬挑的长度应小于 4 m。

（2）当两座建筑物间距较远时，可采用简支式，但有一端必须是滚动铰支，并留足两倍以上的滚动铰支的摆幅要求。

三、几个问题的阐述

这里主要讲五个问题。

（一）如何看待高层建筑结构电算成果

现代设计计算，由于有了计算机（包括有使用限制条件规定的程序），似乎显得很轻松。虽然计算机以及与其相匹配的空间结构内力和变形分析程序的本身是无可非议的，但往往由于上机计算的人员对该程序的基本理论假定、应用范围和限制条件等没有吃透，或输入数据有误（包括几何图形、荷载和构件尺寸等达几百、几千类数据），特别是在边界条件的模拟假定与实际受力状态不符的情况下，计算结果存在不正确的可能性。就是说，设计成果的质量，与设计人拥有的知识、经验等综合素质密切相关，而现行的设计体制都是由一人上机进行图形和数据的输入，无人校对（指整个上机操作过程），可谓"暗箱操作"。输出的计算结果已是荷载组合以后的结果（即一体化组合以后的内力和配筋）。要复查上述整个过程中是否有错误相当困难，一般情况下，就看输出结果是否满足规范要求，不超限就算合格，而未核定其结果本身的正确性，更不要说上机过程中的合理、正确性了。

了解了这些情况，设计、校核、审核就应慎重地对待由电脑输出的结果，要多从概念设计角度来看待、判断，不能盲目地定论。

（二）关于框架柱的轴压比

对框架柱的轴压比进行限定，目的是希望防止钢筋混凝土框架柱小偏心受压状态的脆性破坏，要求具有较好延性功能的大偏心受压破坏状态，从而保证框架结构在罕遇地震作用下，即使超出弹性极限仍具有足够大的弹塑性极限变形能力（即延性和耗能能力），实现大震不倒的设计目的。

应指出，影响柱截面延性功能大小的有五大主要因素：第一是箍筋的横向约束力（包括体积配箍率、箍筋的强度与构造形式）；第二是核心区混凝土的极限压应变能力（即混凝土强度等级，规范允许用核心柱的措施来提高混凝土的抗压能力，从而提高轴压比的限值）；第三才是轴压比；第四是纵向钢筋的配筋率与强度；第五是柱截面的形状。所以，笔者认为，那种肯定只发生大偏心受压破坏的柱，就不一定要受规范的这个限值规定的限制。

还应指出，增强柱截面延性功能的作用，不仅仅只有减少轴压比这一个途径，要同时重视其他四个因素的相应措施。、

（三）结构对风荷、抗震的适应问题

高层建筑在地震作用下的变形方式是与风荷载所引起的侧移截然不同的。在强烈地震作用下，结构会在任意方向变形，而且有时位移会很大，设

计的关键问题是要避免会引起倒塌的过大变形。

高层建筑结构设计时，考虑抗风和抗震要求的出发点，往往是相互矛盾的。刚度大的结构对抵御风荷载有利，因其固有频率高，相对而言，风荷的周期较长，频率低，不易引起共振，故其动力效应小，振动的振幅小。反之，较柔的结构抗震性能好，一是地震作用小，二是可以避免与地震运动共振，这就不会产生过大应力。（地震的主要周期只有几分之一秒，较柔的高层建筑自振周期是几秒，两者相差大，由惯性引起的内力就不会增大。）

所以，结构工程师心中应有一个由多道防线组成、刚柔结合的理想刚度目标，即应具有一定大的刚度和承载力来抵御风荷载和小震，在风和设防烈度水准的地震作用下，能保证结构完全处于弹性工作状态。并且还应在第一道防线的有意识屈服后，在结构变柔的同时，仍具有足够大的弹塑性变形能力和延性耗能能力，来抵御未来可能遭遇的罕遇大地震。所以，不能仅满足于计算机分析出来的层间位移没有超过规范条文的限值。

（四）楼梯构件对框架结构的内力影响

楼梯构件参与框架结构整体计算分析后，由于结构的侧向刚度、周期、振型等动力性能指标，以及地震剪力、层间位移等的变化，结构构件的地震内力（弯矩、剪力、轴力）也有相应的变化。

根据中国建筑科学研究院组织的研究成果（通过对算例的统计分析），有以下情况：

1. **基本规律**

楼梯刚度占纯框架结构刚度的比例越大，则平动周期缩短越多，总地震作用加大越多，沿梯板方向影响大，垂直梯板方向影响很小；楼梯在楼面两端对称布置，扭转周期明显缩短，扭转位移比减少较多；楼梯布置在楼面中部，扭转影响不明显；楼梯只布置在楼面的一端，扭转周期有所缩短，但扭转位移比明显加大。

2. **结构计算周期变化**

纯框架（不计入楼梯）前三个振型的顺序为横向、纵向、扭转，计入楼梯后第一振型大都变为纵向，只在一端布梯时为扭转。

设置两部梯时，沿梯板方向的基本周期可缩短 20% 左右；沿垂直梯板方向的基本周期略有缩短，一般不到 5%。结构的扭转基本周期变化为：两端布置周期缩短 25% 左右，中间集中布置时基本不变，一端布置缩短不到 20%。

3. 地震剪力

两端对称布置楼梯间时总剪力增加最多，达到 20%；中间布置时增加 10% ～ 20%（与梯的数量有关）；一端布置需按照双向同时产生地震作用进行计算分析。

4. 层间位移

层间最大位移和扭转位移比变化的数量级，垂直于梯板方向变化不大。沿梯板方向：两端对称布梯时可减少 20%；中部布置时可减少 10%；一端布置时无梯的位置加大 20%。

当考虑偶然偏心的层间扭转位移比变化的数量级，两端对称布置时因抗扭刚度加大可略为减少；中部布置时因抗扭刚度减少可增加 15%；一端布置时因抗扭刚度明显减少，无梯位置加大 35%，甚至位移比接近 1.4。

5. 楼梯的支撑作用小结

对框架结构的楼梯设计，可以得出以下看法：

⑴垂直于梯板方向的影响一般小于 10%。但在梯板方向是不可忽略的。当楼梯偏置时必须计入扭转的不利效应，例如，边榀框架按扭转位移比不小于 1.35 的要求设计，同时计算双向水平作用等。

⑵与楼梯相连的框架柱、框架梁（楼面梁）应计入楼梯构件附加的地震内力，尤其是轴力和剪力。附加地震内力的大小，随楼梯刚度占结构总刚度比例的增加而加大。对类似算例中基本对称的多跨、多开间的框架结构，楼梯间两根框架柱合计承担的附加地震剪力值大体接近（为 70% ～ 100%），框架柱轴向力增加较多，有的可能接近 3 倍。与楼层相关的楼面梁、框架梁段可参照楼梯休息平台的梁段设计。建议将这些构件与楼梯构件一起进行单独的设计。而非相连的框架柱、楼梯对称布置时，可

按不计入楼梯构件的情况设计。

（3）楼梯构件在地震下的受力情况复杂，必须重视。梯板应计入地震轴力和面内弯矩的影响，按面外拉弯、面内压弯构件设计（这就要求梯斜板上、下的筋都要贯通）。连接梯板和框架的休息平台梁，应计入地震轴力影响，按压弯或拉弯构件设计，支承梯板的平台梁，按拉弯构件设计。支承平台梁的短柱，取平台梁的轴向力作为剪力设计。

（4）宜采用楼梯构件与框架脱开的设计方案，尤其是楼梯偏置的情况。

笔者评注：由上述建科院组织的计算分析结果，可以领会到楼梯板计入抗震计算后，相当于在框架中的楼梯位置加了斜支撑的作用，可以增加结构整体的刚度，减少水平的位移，但这些影响主要是针对与斜梯板方向一致的方向，垂直于梯板方向影响甚微，几乎可不考虑。

另外也表明，由于楼梯的存在，结构整体刚度增大，出现增大水平剪力的不利因素，当楼梯布置不对称时会造成扭转偏移加大的情况，所以规范是提出了"要考虑楼梯的作用"，但没说一定有利！所以，最后第（4）点是意味深长的。

（五）对高规中有关参数的理解

1. 高规第 3.5.2（旧 4.4.2）条对下层侧向刚度与上层侧向刚度之比值的限定（刚度比）

参考意见：

楼层的侧向刚度是指楼层的剪力与层间位移之比，即完成单位位移所需的剪力值。

高层建筑的下层侧向刚度宜大于上层侧向刚度，否则变形会集中在侧向刚度小的下部楼层（下部侧向位移远大于上层），从而形成结构薄弱层，所以要限制下层侧向刚度与上层侧向刚度的比值。

2. 高规第 3.5.3（旧 4.4.3）条对楼层层间抗侧力结构的受剪承载力限值（受剪承载力比）

参考意见：

楼层层间抗侧力结构受剪承载力是指在所考虑的水平地震作用方向上，该层全部柱及剪力墙的受剪承载力之和。楼层抗侧力结构的承载能力的突变将导致薄弱层的破坏，所以限制了下层相对上层的受剪承载力比值。

3. 高规第 4.3.12（旧 3.3.13）条对地震作用标准值的剪力有最低值的限制，即楼层最小剪力系数 λ（剪重比）

参考意见：

规范所采用的振型分解反应谱法尚不能对长周期结构的地震地面速度和位移（它们对结构的破坏具有更大影响）做出估计，由此计算的水平地震作用下的效应可能偏小。出于安全的考虑，对楼层的最小剪力，做了限制（以重力做参照值）。

4. 高规第 5.4.4（旧 5.4.4）条对高层结构整体刚度的要求（刚重比）

参考意见：

这是为保证高层的整体稳定而提出的，由于水平荷载（风荷、地震的水平作用）造成水平位移，使重力荷载产生二阶效应，以致建筑有不稳定可能。为了控制这二阶效应不致过大就要保证结构的弹性等效侧向刚度，这刚度在规范中是用建筑的总高与总的重力荷载的关系式来表达的。

5. 高规第 3.4.5（旧 4.3.5）条中对竖向构件水平位移和层间位移与楼层平均值之比，以及对扭转为主的第一自振周期 T_t 与平动为主的第一自振周期 T_1 之比有限制（同层平面位移比、周期比）

参考意见：

本条目的是限制结构的扭转效应。其一是控制位移比，就是要控制结构平面布置的不规则性。其二是限制抗扭刚度不能太弱，特别是当 T_t 与 T_1 接近时，由于振动耦联的影响，结构的扭转效应会明显增大，所以，对周期比做了限制。

6. 高规第 3.7.5（旧 4.6.5）条对层间位移角的限制（层间位移角）

参考意见：

规范规定的层间位移角限值是侧向刚度的重要控制指标，结构只有达到了一定的刚度，方能使层间位移角在限值之内。

7. 高规第 6.4.2（旧 6.4.2）条中对轴压比的规定（轴压比）

参考意见：

轴压比主要是为了保证柱的延性要求，使柱子呈大偏心的破坏状态。也可以用加强箍筋、设置心柱等措施来缓解对轴压比的要求。

8. 有关短肢剪力墙的问题

参考意见：

对于短肢剪力墙，在高规第 7.1.8 条的注中，是这样定义的：短肢剪力墙是指截面厚度不大于 300 mm、各肢截面高度与厚度之比的最大值大于 4 但不大于 8 的剪力墙。

一般剪力墙是指墙肢截面高度与厚度之比大于 8 的剪力墙。

高规所附的"条文说明"中，对使用短肢剪力墙之所以要求更严格，是这样说明的："由于短肢剪力墙抗震性能较差，地震区应用经验不多，为安全起见"，高规对这种结构抗震设计的最大适用高度、使用范围、抗震等级、筒体和一般剪力墙承受的地震倾覆力矩、墙肢厚度、轴压比、截面剪力设计值、纵向钢筋配筋率做了相应的规定。

对于非抗震设计，除要求建筑最大适用高度适当降低外，对墙肢厚度和纵向钢筋配筋率也做了限制，目的是使墙肢不致过小。

一字形短肢剪力墙延性及平面外稳定均十分不利，因此规定不宜布置单侧楼面梁与之平面外垂直或相交，同时要求短肢剪力墙尽可能设置翼缘。

笔者提请注意：高层结构计算模型中的剪力墙是假定为竖向弯曲型悬臂构件，而框架侧向位移是剪切型的，程序的计算结果是建立在此计算模型的基础上的。规范对一般剪力墙的截面高限定在大于 8 倍的墙厚，说明这样的截面尺寸才接近假定的计算模型，而短肢剪力墙显然在此范围以外。作为一种过渡，规范对短肢剪力墙结构用多类限制方式来保障安全也算是合宜的手法。

我们可以设想当墙肢截面高厚之比向 4 倍以下的方向缩小时，将接连异形柱结构的柱截面规定（异形柱结构技术规程中规定，肢高不小于 500 mm，在 500 ～ 800 mm 之间，在有关资料中，也可查到肢高与肢宽比不大于 4 的限制）。而异形柱结构的规程要求更严了，由于异形柱是按正常的框架模型来计算的（准确地说，应是近似计算），所以，也就专门制定了一系列规定，严格地限制了它的应用范围，来保证它的安全。

总之，短肢剪力墙方面的工程经验不多，尚需更深入研究其计算模型，所以，对其进行限制，并不仅仅出于抗震与非抗震的考虑。

水泥粉喷搅拌的应用与测试[1]

一、概况

杭州某公司的污水处理工程，由于施工设计阶段方案变化较大，初设预留的场地太小，只有 35 m×51 m。为容纳各道工序的建、构筑物，经水道和土建专业人员共同研讨，最后采用了叠合式的建、构筑物（即池上叠池或叠辅助车间）。即使这样，各单体之间的间距也十分小，从而增加了对地基承载能力的要求，但该处的地质情况却不符合工程设计要求，必须加以处理后方案方能实施。一个不利情况是，此时周边邻近其他主体车间的土建工程均已结顶。

二、勘察单位提供的本工程地质情况

由地表向下依次为：

(1) 耕植土：厚 0.3 ～ 0.8 m。

(2) 轻亚黏土：厚 0.5 ～ 1.0 m。

(3) 淤泥：厚 3.9 ～ 14 m。由东向西厚度变化很大，含水量 58%，$[R]$ = 50 ～ 60 kPa。

(4) 淤泥质黏土：由东向西厚度变化大，含水量 48%，$[R]$ = 70 kPa。

(5) 亚黏土：厚 0.7 ～ 1.0 m，与上层交界面的坡度很大，$[R]$ = 130 kPa。

(6) 轻亚黏土：厚 0 ～ 7.0 m，$[R]$ = 140 kPa。

---

[1] 本文曾发表于《浙江建筑》，具体期号不详。收入本书时有改动。

(7) 黏土：较厚，未探得下层面的深度，$[R] = 140$ kPa。

三、粉喷搅拌桩的设计

本工程要求地基的设计承载力为 $[R] \geqslant 110$ kPa，并不太高，故我们采用深层水泥粉喷搅拌桩来处理软弱层（淤泥层）。由于所需处理的软弱层厚度变化大，与下层较硬卧层的界面坡度很大，采用深层搅拌桩有利防止深层面滑动，施工时也不会对已建的邻近车间产生不利影响。另外考虑到桩下端的硬卧层土的承载力已达到 $130 \sim 140$ kPa，超过设计要求的 110 kPa。根据搅拌桩地基是一种人工复合地基的机理，我们认为，当下硬卧层离地表近时只需把搅拌桩伸入下硬卧层一定深度（本工程中为 2 m 左右）便应能符合要求。这样既节省了材料、费用，也有利于减小不均匀沉降。

根据工艺流程布置要求和构筑物基础底土层差异，按搅拌桩穿越土层情况，把桩分为以下几种类型：

a 类，桩上端有硬壳层，桩身悬浮在淤泥层中。

b 类，无硬壳层（硬壳层已挖去），全部桩身悬浮在淤泥层中。

c 类，桩上部置于淤泥层中，下端伸入硬卧层土中。

本工程共用水泥粉喷搅拌桩 500 根，设计有效桩长 $6 \sim 9$ m。旋转桩径 500 mm，要求复合地基承载力为 110 kPa，对施工的桩进行了动测（共 39 根），并有一根静载荷试验对比桩（有效桩长 9 m）。设计要求单桩允许承载力大于等于 110 kN，各单项构筑物的实际用桩面积置换率在 $12.5\% \sim 14.5\%$ 之间。

四、实测情况

根据与静载测试对比桩的比较，本工程动测数据比较稳定，可以作为分析基数。施工实施后动测结果如下：

(1) 搅拌桩自身强度为 C11 ～ C13，平均值为 C11.8。

（2）单桩承载力平均值为：

a 类桩，有效桩长 9～8.5 m，承载力平均值 $P = 126$ kN。

b 类桩，有效桩长 9～8.5 m，承载力平均值 $P = 120$ kN。

c 类桩，有效桩长 9～6.3 m，承载力平均值 $P = 119$ kN。（c 类桩一般在 $P = 110～120$ kN 之间，个别可达 130 kN，桩长与承载力无明显正比关系，可能与下端进入了硬卧层有关。）

（3）沉降观察。本工程各单体建筑物的角点都设置了沉降观察点。按照竣工以后 8 个月内 3 次沉降观察的累计结果，最大沉降值为 33 mm，各单体自身沉降差均在 10 mm 左右，说明沉降比较均匀。

五、工程小结

根据本工程水泥粉喷搅拌桩设计及施工后实测成果的分析，提出如下几点供类似工程参考：

（1）当软弱层下有较浅的硬卧层时，如该层承载能力已超过设计要求的复合地基承载力，只须将桩伸入硬卧层一段距离即可，这不仅减少水泥用量，节省费用，也有利于控制不均匀沉降。

（2）有硬壳层的 a 类桩的承载能力比 b 类桩一般要高 8%，故施工中应尽可能保护好原硬壳层（可提高近地面一段成桩的质量）。

（3）根据本工程实测情况，提出一个比值 P/l〔单桩承载力（kN）/ 有效桩长（m）〕。为类似地质情况工程初选桩长做参考：

对 a 类桩，$P/l = 14$（kN/m）

对 b 类桩，$P/l = 13$（kN/m）

（4）本工程搅拌桩实测平均桩身强度为 11.8 N/mm²，每米桩长喷灰量接近 50 kg。从实践来看，对悬浮于淤泥中的搅拌桩，对桩身强度的要求似可以再降低一些，以期减少与软弱土的刚性差异，节省水泥用量，从而更合乎由人工改造成的复合地基机理。

注：本工程水泥粉喷搅拌桩由杭州市地基基础公司施工。

圆形顶管工作井实用内力计算探索[1]

一、问题的提出

跨越江河、道路的地下通道,常用顶管施工方法,而顶管工作井(一般为沉井)的设计则是整个设计中不可缺少的组成部分。和所有的地下构筑物一样,其岩土抗力规律及计算方法问题,目前尚未能得到完善解决。

工程上普遍采用的圆形工作井,长期以来,沿用如图 2.5 甲所示的计算模式,借以推出一套计算内力的公式(上海市政工程设计院等七院编《给水排水工程结构设计手册》第六篇第 6.3.8 节,中国建筑工业出版社 1984 年 7 月版)。

在此计算模式中,假定井内顶力为单一集中力,岩土抗力为径向均布,且分布角 2β 固定为 π。

由于岩土抗力的复杂性,每项工程的地质情况和环境条件不同。为了简化及采用统一的公式,上述假定中,令岩土为径向均布还是可取的,但分布角 2β 因地质情况不同会有变化。

与工程实践出入较大的是,顶管施工时传递到井内壁的顶力,一般总是采用多个顶撑(常为 2 个或 4 个),通过预先设置的缓冲梁和垫层较均匀地作用于井筒内壁(如图 2.5 乙),不会采用单一集中力形式。

通常,每一个顶撑的端部宽度不小于 25 cm,考虑到顶撑之间的间距,以及缓冲梁和垫层厚度的扩散作用传至井内壁时,其作用范围相当可观而不宜忽略。例如,若取内顶力水平分布宽度为 0.52 m,对内径为 2 m 的井筒,

---

[1] 本文于 1990 年 10 月曾作为化工部建筑设计技术中心站第六届年会论文印发。署名:姚育华、沈宇。

顶力分布角 α 为 15.07°；若取内顶力水平分布宽度为 1.2 m，对内径为 4 m 的井筒，顶力分布角 α 为 17.46°；若取内顶力水平分布宽度 1.5 m，对内径为 8 m 的井筒，顶力分布角 α 为 10.81°。一般情况下，α 总是可以保持大于 10°。

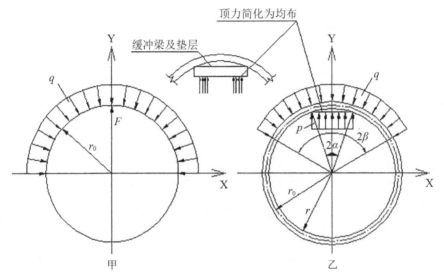

图 2.5 圆形工作井的两种计算模式

二、改善后的计算模式和计算分析成果

笔者试图合理改善计算中顶力分布形式，使其更接近于工程实际情况，提出用图 2.5 乙所示的计算模式代替原来图 2.5 甲所示的计算模式，即：

第一，用接近实际情况的均布顶力代替原来单一集中顶力。

第二，保留原已接受的岩土抗力为径向均匀的形式，但角 2β 可不固定，按实际情况自定（当无可靠资料时，建议用 $2\beta = \pi$）。

第三，计算中考虑了井壁厚度的影响。

在图 2.5 乙所示的计算模式下，用力法计算后得出下列一组公式：

(1) $0 \leqslant \varphi \leqslant \alpha$ 时，公式为

$$M = Pr_0^2 n_0 (A\cos\varphi + B\sin^2\varphi + D)$$

$$N = Pr_0 n_0 \left(- A\cos\varphi - \sin^2\varphi + m_0 \right)$$

$$Q = Pr_0 n_0 \left(A - \cos\varphi \right) \sin\varphi$$

（2）$\alpha \leqslant \varphi \leqslant \beta$ 时，公式为

$$M = Pr_0^2 n_0 \left(A\cos\varphi + \sin\alpha \cdot \sin\varphi - \frac{1}{2} n_0 \sin^2\alpha + D \right)$$

$$N = Pr_0 n_0 \left(- A\cos\varphi - \sin\alpha \cdot \sin\varphi + m_0 \right)$$

$$Q = Pr_0 n_0 \left(A\sin\varphi - \sin\alpha \cdot \cos\varphi \right)$$

（3）$\beta \leqslant \varphi \leqslant \pi$ 时，公式为：

$$M = Pr_0^2 n_0 \left[\left(A - m_0\cos\beta \right)\cos\varphi - \frac{1}{2} n_0 \sin^2\alpha + D + m_0 \right]$$

$$N = Pr_0 n_0 \left(- A + m_0\cos\beta \right)\cos\varphi$$

$$Q = Pr_0 n_0 \left(A - m_0\cos\beta \right)\sin\varphi$$

其中，P 为均布顶力；$n_0 = r / r_0$；$m_0 = \sin\alpha / \sin\beta$；$\varphi$ 为计算截面与 y 轴夹角；A, B, D 为与 n_0, α, β 有关的常数。

上述公式比较繁复，但经编制计算程序，由电算制成表格，得到 n_0, α，β 在各种可能组合情况下各个计算截面 φ 处的内力系数，因而计算反而比原有公式简便，可不经计算分析内力变化情况。例如，对内半径 4 m、壁厚 0.4 m 之工作井，其 $n_0 = 4 / (4 + 0.4) \approx 0.95$；若分布顶力为 P，$2\beta = \pi$，$\alpha = \pi/18$（即 $10°$）时，欲求 $\varphi = 0$ 处截面弯矩，可由表查得相应弯矩系数 $m = -0.6959 \times 10^{-1}$，得

$$M = -0.6959 \times 10^{-1} \times P \times 4.2^2 = -1.2275P$$

三、两种计算模式的对比

用图 2.5 甲和图 2.5 乙所示的两种计算模式，对同一已建工程进行计算分析，结果如下：最大弯矩（绝对值），当 $\alpha = 5°$ 时，后者为前者的 90%；当 $\alpha = 10°$ 时，后者为前者的 84%；当 $\alpha = 15°$ 时，后者为前者的 77%。最大弯矩（绝对值）随 α 增大而减少，最大轴向力基本相等，最大切力变化较少，在 97% ~ 90% 之间，总之内力变化趋向缓和。

由本文内力计算公式可知：当 α 和 β 选定后，内力变化系数只与相对尺寸 $n_0 = r / r_0$ 有关，故上述结果具有普遍意义。

四、结语

根据以上分析，可以认为，在工程实践中采用本文提供的计算模式，计算顶管工作井在顶管时的内力，比原沿用的图 2.5 甲所示的计算模式更符合工程实际情况，而且更简捷。

谨慎起见，建议在一般情况下，仍选用 $2\beta = \pi$，并取 $\alpha = 10^\circ$。

运用新模式，其内力也将得到很大的改善，这对钢筋混凝土井筒来讲是有实用经济意义的，当然还有赖于大量的工程实践来检验。

注：公式推导繁复而冗长，本文从略。

使用时应使 $\dfrac{m_0 \cdot n_0}{2 - n_0} P$ 之值小于等于井背允许被动土压力。

公式从以下两方面进行了校验：

（1）各区段公式在边界处是衔接且连续的。

（2）当 α 很小时，两种模式内力变化趋向一致，对一些控制截面，可以证得，当 $\alpha \to 0$ 时，新公式与原公式的极限表达式结果相同。

梯形水平曲梁内力公式的变换、简化及制表

本文以《建筑技术通讯（建筑结构）》1990 年第 5 期《对称荷载下对称水平曲梁内力计算》一文所推荐的公式为基础，经变换、推导后，用电算求出相应系数，从而编制内力系数表，为工程设计计算提供方便。

一、内力公式中各因子分析

各类荷载情况下，内力公式及计算简图参见下文的内力公式图表。

内力公式中，均布荷载 q 或集中荷载 P，均是设计计算时已知因子。待定的因子为曲折梁水平折角 α、中间直梁段长度 l、两侧水平折梁长度 a，以及由梁截面高宽比 h/b 决定的 λ 值，即有 4 个待定因子。

本文用 $a = nl$ 来变换原公式中折梁段固定长度字符 a，即用相对比值 n，使公式不含有 2 个任意梁段长，从而使待定因子减少至 3 个，使其适应工程设计中的通用性和便于制表。

二、公式的变换、推导

（一）均布荷载

1. 最大正弯矩（在跨中）

$$M_0 = (\frac{1}{48}ql^3 + \frac{1}{8}ql^2a\sin^2\alpha + \frac{1}{4}qla^2\sin\alpha + \frac{1}{6}qa^3\sin\alpha +$$

$$\frac{1}{8}\lambda ql^2a\cos^2\alpha) / (a\sin^2\alpha + \lambda a\cos^2\alpha + \frac{1}{2}l)$$

$$= [\frac{1}{48}ql^3 + \frac{1}{8}ql^2nl\sin^2\alpha + \frac{1}{4}ql(nl)^2\sin\alpha + \frac{1}{6}q(nl)^3\sin\alpha +$$

$$\frac{1}{8}\lambda ql^2nl\cos^2\alpha] / (nl\sin^2\alpha + \lambda nl\cos^2\alpha + 0.5l)$$

$$= ql^2(\frac{1}{48} + \frac{1}{8}n\sin^2\alpha + \frac{1}{4}n^2\sin\alpha + \frac{1}{6}n^3\sin\alpha +$$

$$\frac{1}{8}\lambda n\cos^2\alpha) / (n\sin^2\alpha + \lambda n\cos^2\alpha + 0.5)$$

$$= ql^2 A_0$$

其中，$A_0 = (\frac{1}{48} + \frac{1}{8}n\sin^2\alpha + \frac{1}{4}n^2\sin\alpha + \frac{1}{6}n^3\sin\alpha + \frac{1}{8}\lambda n\cos^2\alpha) /$

$$(n\sin^2\alpha + \lambda n\cos^2\alpha + 0.5)$$

2. 转折处（指直线段梁截面）弯矩

$$M_1 = M_0 - \frac{1}{2}qy^2 = ql^2 A_0 - \frac{1}{2}q(\frac{1}{2}l)^2 = ql^2(A_0 - 0.125)$$

$$= ql^2 A_1$$

其中，$A_1 = A_0 - 0.125$

3. 支座处负弯矩（折梁方向）

$$M_2 = M_0\sin\alpha - \frac{1}{8}ql^2\sin\alpha - \frac{1}{2}ql(nl) - \frac{1}{2}q(nl)^2$$

$$= ql^2(A_0\sin\alpha - 0.125\sin\alpha - 0.5n - 0.5n^2)$$

$$= ql^2 A_2$$

其中，$A_2 = A_0\sin\alpha - 0.125\sin\alpha - 0.5n - 0.5n^2$

4. 折梁段扭矩

$$T = M_0\cos\alpha - \frac{1}{8}ql^2\cos\alpha = ql^2(A_0 - 0.125)\cos\alpha = ql^2 A_3$$

其中，$A_3 = (A_0 - 0.125)\cos\alpha$

（二）跨中一个集中力 P

1. 最大正弯矩

$$M_0 = \left(\frac{1}{16} Pl^2 + \frac{1}{4} Pl a \sin^2 \alpha + \frac{1}{4} Pa^2 \sin \alpha + \frac{1}{4} \lambda Pl a \cos^2 \alpha \right) /$$

$$\left(a \sin^2 \alpha + \lambda a \cos^2 \alpha + \frac{1}{2} l \right)$$

$$= \left(\frac{1}{16} Pl^2 + \frac{1}{4} Plnl \sin^2 \alpha + \frac{1}{4} P (nl)^2 \sin \alpha + \frac{1}{4} \lambda Plnl \cos^2 \alpha \right) /$$

$$(nl \sin^2 \alpha + \lambda nl \cos^2 \alpha + 0.5l)$$

$$= Pl \left(\frac{1}{16} + \frac{1}{4} n \sin^2 \alpha + \frac{1}{4} n^2 \sin \alpha + \frac{1}{4} \lambda n \cos^2 \alpha \right) /$$

$$(n \sin^2 \alpha + \lambda n \cos^2 \alpha + 0.5)$$

$$= Pl B_0$$

其中，$B_0 = \left(\frac{1}{16} + \frac{1}{4} n \sin^2 \alpha + \frac{1}{4} n^2 \sin \alpha + \frac{1}{4} \lambda n \cos^2 \alpha \right) /$

$$(n \sin^2 \alpha + \lambda n \cos^2 \alpha + 0.5)$$

2. 转折处弯矩

$$M_1 = M_0 - \frac{1}{2} Py = Pl B_0 - \frac{1}{2} P \left(\frac{1}{2} l \right) = Pl (B_0 - 0.25) = Pl B_1$$

其中，$B_1 = B_0 - 0.25$

3. 支座负弯矩

$$M_2 = M_0 \sin \alpha - \frac{1}{4} Pl \sin \alpha - \frac{1}{2} Px = Pl B_0 \sin \alpha - \frac{1}{4} Pl \sin \alpha - \frac{1}{2} Pnl$$

$$= Pl (B_0 \sin \alpha - 0.25 \sin \alpha - 0.5n) = Pl B_2$$

其中，$B_2 = B_0 \sin \alpha - 0.25 \sin \alpha - 0.5n$

4. 折梁段扭矩

$$T = M_0 \cos \alpha - \frac{1}{4} Pl \cos \alpha = Pl B_0 \cos \alpha - \frac{1}{4} Pl \cos \alpha$$

$$= Pl (B_0 - 0.25) \cos \alpha = Pl B_3$$

其中，$B_3 = (B_0 - 0.25) \cos \alpha$

（三）两个集中力 P 作用在中间直梁段（$\frac{1}{3}$ 处）

1. 最大正弯矩

$$M_0 = (\frac{1}{2}Pb^2 + Pab\sin^2\alpha + \frac{1}{2}Pa^2\sin\alpha + \lambda Pab\cos^2\alpha) /$$

$$(a\sin^2\alpha + \lambda a\cos^2\alpha + \frac{1}{2}l)$$

$$= [\frac{1}{2}P(\frac{1}{3}l)^2 + Pnl(\frac{1}{3}l)\sin^2\alpha + \frac{1}{2}P(nl)^2\sin\alpha +$$

$$\lambda Pnl(\frac{1}{3}l)\cos^2\alpha] / (nl\sin^2\alpha + \lambda nl\cos^2\alpha + \frac{1}{2}l)$$

$$= \frac{1}{3}Pl(\frac{1}{6} + n\sin^2\alpha + 1.5n^2\sin\alpha + \lambda n\cos^2\alpha) /$$

$$(n\sin^2\alpha + \lambda n\cos^2\alpha + 0.5)$$

$$= PlD_0$$

其中，$D_0 = \frac{1}{3}(\frac{1}{6} + n\sin^2\alpha + 1.5n^2\sin\alpha + \lambda n\cos^2\alpha) /$

$$(n\sin^2\alpha + \lambda n\cos^2\alpha + 0.5)$$

2. 转折处弯矩

$$M_1 = M_0 - P(y - \frac{1}{2} + b) = PlD_0 - Pl(\frac{1}{2} - \frac{1}{2} + \frac{1}{3})$$

$$= Pl(D_0 - \frac{1}{3}) = PlD_1$$

其中，$D_1 = D_0 - \frac{1}{3}$

3. 支座处负弯矩

$$M_2 = M_0\sin\alpha - Pb\sin\alpha - Px = PlD_0\sin\alpha - P(\frac{1}{3}l)\sin\alpha - Pnl$$

$$= Pl(D_0\sin\alpha - \frac{1}{3}\sin\alpha - n) = PlD_2$$

其中，$D_2 = D_0\sin\alpha - \frac{1}{3}\sin\alpha - n$

4. 折梁段扭矩

$$T = M_0\cos\alpha - Pb\cos\alpha = PlD_0\cos\alpha - P\left(\frac{1}{3}l\right)\cos\alpha$$

$$= Pl\left(D_0 - \frac{1}{3}\right)\cos\alpha = PlD_3$$

其中，$D_3 = \left(D_0 - \frac{1}{3}\right)\cos\alpha$

（四）两个集中力 P 作用在折梁段中间 $\left(\frac{1}{2}nl\right)$

1. 最大正弯矩

$$M_0 = \left[\frac{1}{2}P(a-b)^2\sin\alpha\right]/\left(a\sin^2\alpha + \lambda a\cos^2\alpha + \frac{1}{2}l\right)$$

$$= \left[\frac{1}{2}P\left(nl - \frac{1}{2}nl\right)^2\sin\alpha\right]/\left(nl\sin^2\alpha + \lambda nl\cos^2\alpha + \frac{1}{2}l\right)$$

$$= (0.125Pln^2\sin\alpha)/(n\sin^2\alpha + \lambda n\cos^2\alpha + 0.5)$$

$$= PlE_0$$

其中，$E_0 = (0.125n^2\sin\alpha)/(n\sin^2\alpha + \lambda n\cos^2\alpha + 0.5)$

2. 转折处弯矩

$$M_1 = M_0 = PlE_0 = PlE_1$$

其中，$E_1 = E_0$

3. 支座处负弯矩

$$M_2 = M_0\sin\alpha - P(x-b) = PlE_0\sin\alpha - P\left(nl - \frac{1}{2}l\right)$$

$$= Pl(E_0\sin\alpha - 0.5n) = PlE_2$$

其中，$E_2 = E_0\sin\alpha - 0.5n$

4. 折梁段扭矩

$$T = M_0\cos\alpha = PlE_0\cos\alpha = PlE_3$$

其中，$E_3 = E_0\cos\alpha$

三、表格编制形式

（一）各因子取值范围

由于 l 只在最后的相乘公式中出现，系数仅决定于 α, n, λ 的值。根据常用情况，各因子取值范围如下：

α 值为 $30°, 45°, 60°$。

n 值为 $0.5, 0.75, 1$。

λ 值决定于 h/b，其对应的值见表 2.7：

表 2.7 λ 与 h/b 的对应关系

因子	值								
h/b	1.0	1.2	1.4	1.6	1.8	2	2.5	3	4
λ	1.38	1.69	2.04	2.44	2.90	3.39	4.88	6.65	11.07

（二）表格形式

在固定的 α 值下，求出不同 n 值下，当 λ 为上述各值时的内力系数 M，即可编制成表，具体见电算成果。

1．$M = q \times l^2 \times A$

此公式适用于如图 2.6 的情况。

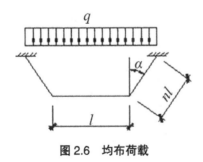

图 2.6 均布荷载

（1）当 $\alpha = 30°$ 时，如表 2.8 所示。

表 2.8

	h/b	A_0	A_1	A_2	A_3
$n=0.5$	1	0.1250E＋00	−0.2980E−07	−0.3750E＋00	−0.2581E−07
	2	0.1250E＋00	−0.1490E−07	−0.3750E＋00	−0.1290E−07
$n=0.75$	1	0.1636E＋00	0.4359E−01	−0.6345E＋00	0.3775E−01
	2	0.1496E＋00	0.2459E−01	−0.6440E＋00	0.2130E−01
$n=1$	1	0.2184E＋00	0.9337E−01	−0.9533E＋00	0.8086E−01
	2	0.1756E＋00	0.5062E−01	−0.9747E＋00	0.4384E−01

【表中符号含义】表 2.9、表 2.10 同。

A_0：最大正弯矩（在跨中）弯矩系数　　A_1：转折处（指直线段梁截面）弯矩系数

A_2：支座处负弯矩系数（折梁方向）　　A_3：折梁段扭矩系数

（2）当 $\alpha = 45°$ 时，如表 2.9 所示。

表 2.9

	h/b	A_0	A_1	A_2	A_3
$n=0.5$	1	0.1408E＋00	0.1576E−01	−0.3699E＋00	0.1115E−01
	2	0.1358E＋00	0.1080E−01	−0.3674E＋00	0.7639E−02
$n=0.75$	1	0.2022E＋00	0.7719E−01	−0.6017E＋00	0.5458E−01
	2	0.1751E＋00	0.5008E−01	−0.6208E＋00	0.3541E−01
$n=1$	1	0.2747E＋00	0.1497E＋00	−0.8942E＋00	0.1058E＋00
	2	0.2189E＋00	0.9386E−01	−0.9336E＋00	0.6637E−01

（3）当 $\alpha = 60°$ 时，如表 2.10 所示。

表 2.10

	h/b	A_0	A_1	A_2	A_3
$n=0.5$	1	0.1541E＋00	0.2912E−01	−0.3498E＋00	0.1456E−01
	2	0.1485E＋00	0.2349E−01	−0.3547E＋00	0.1174E−01
$n=0.75$	1	0.2317E＋00	0.1067E＋00	−0.5638E＋00	0.5338E−01
	2	0.2080E＋00	0.8304E＋00	−0.5848E＋00	0.7609E−01
$n=1$	1	0.3251E＋00	0.2001E＋00	−0.8267E＋00	0.1001E−01
	2	0.2772E＋00	0.1522E＋00	−0.8682E＋00	0.7609E−01

2．$M = P \times l \times B$

此公式适用于如图 2.7 的情况。

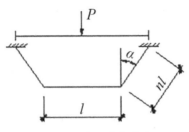

图 2.7　跨中一个集中力 P

（1）当 $\alpha = 30°$ 时，如表 2.11 所示。

表 2.11

	h/b	B_0	B_1	B_2	B_3
$n = 0.5$	1	0.2226E+00	−0.2735E−01	−0.2637E+00	−0.2369E−01
	2	0.2335E+00	−0.1648E−01	−0.2582E+00	−0.1427E−01
$n = 0.75$	1	0.2553E+00	0.5337E−02	−0.3723E+00	0.4622E−02
	2	0.2530E+00	0.3011E−02	−0.3735E+00	0.2608E−02
$n = 1$	1	0.2850E+00	0.3501E−01	−0.4825E+00	0.3032E−01
	2	0.2690E+00	0.1898E−01	−0.4905E+00	0.1644E−01

【表中符号含义】表 2.12、表 2.13 同。

B_0：最大正弯矩（在跨中）弯矩系数　　B_1：转折处（指直线段梁截面）弯矩系数

B_2：支座处负弯矩系数（折梁方向）　　B_3：折梁段扭矩系数

（2）当 $\alpha = 45°$ 时，如表 2.12 所示。

表 2.12

	h/b	B_0	B_1	B_2	B_3
$n = 0.5$	1	0.2333E+00	−0.1672E−01	−0.2618E+00	−0.1182E−01
	2	0.2385E+00	−0.1146E−01	−0.2581E+00	−0.8103E−02
$n = 0.75$	1	0.2765E+00	−0.2653E−01	−0.3562E+00	0.1876E−01
	2	0.2672E+00	0.1721E−01	−0.3628E+00	0.1217E−01
$n = 1$	1	0.3176E+00	0.6762E+00	−0.4522E+00	0.4781E−01
	2	0.2924E+00	0.4240E−01	−0.4700E+00	0.2998E−01

（3）当 $\alpha = 60^{\circ}$ 时，如表 2.13 所示。

表 2.13

	h/b	B_0	B_1	B_2	B_3
$n = 0.5$	1	$0.2420E+00$	$-0.7994E-02$	$-0.2569E+00$	$-0.3997E-02$
	2	$0.2436E+00$	$-0.6447E-02$	$-0.2556E+00$	$-0.3224E-02$
$n = 0.75$	1	$0.2949E+00$	$0.4487E-01$	$-0.3361E+00$	$0.2244E-01$
	2	$0.2849E+00$	$0.3491E-01$	$-0.3448E+00$	$0.1746E-01$
$n = 1$	1	$0.3466E+00$	$0.9656E-01$	$-0.4164E+00$	$0.4828E-01$
	2	$0.3234E+00$	$0.7342E-01$	$-0.4364E+00$	$0.3671E-01$

3 . $M = P \times l \times D$

此公式适用于如图 2.8 的情况。

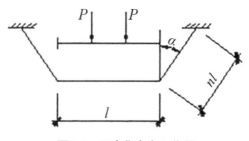

图 2.8　两个集中力 P 作用
在中间直梁段

（1）当 $\alpha = 30^{\circ}$ 时，如表 2.14 所示。

表 2.14

	h/b	D_0	D_1	D_2	D_3
$n = 0.5$	1	$0.2908E+00$	$-0.4255E-01$	$-0.5213E+00$	$-0.3685E-01$
	2	$0.3077E+00$	$-0.2564E-01$	$-0.5128E+00$	$-0.2220E-01$
$n = 0.75$	1	$0.3535E+00$	$0.2016E-01$	$-0.7399E+00$	$0.1746E-01$
	2	$0.3447E+00$	$0.1138E-01$	$-0.7443E+00$	$0.9852E-02$
$n = 1$	1	$0.4111E+00$	$0.7781E-01$	$-0.9611E+00$	$0.6738E-01$
	2	$0.3755E+00$	$0.4218E-01$	$-0.9789E+00$	$0.3653E-01$

【表中符号含义】表 2.15、表 2.16 同。

D_0：最大正弯矩（在跨中）弯矩系数　　D_1：转折处（指直线段梁截面）弯矩系数

D_2：支座处负弯矩系数（折梁方向）　　D_3：折梁段扭矩系数

（2）当 $\alpha = 45°$ 时，如表 2.15 所示。

表 2.15

	h/b	D_0	D_1	D_2	D_3
$n = 0.5$	1	0.3126E+00	−0.2075E−01	−0.5147E+00	−0.1467E−01
	2	0.3191E+00	−0.1422E−01	−0.5101E+00	−0.1006E−01
$n = 0.75$	1	0.3964E+00	0.6303E−01	−0.7054E+00	0.4457E−01
	2	0.3742E+00	0.4089E−01	−0.7211E+00	0.2891E−01
$n = 1$	1	0.4768E+00	0.1435E+00	−0.8986E+00	0.1014E+00
	2	0.4233E+00	0.8996E−01	−0.9364E+00	0.6361E−01

（3）当 $\alpha = 60°$ 时，如表 2.16 所示。

表 2.16

	h/b	D_0	D_1	D_2	D_3
$n = 0.5$	1	0.3306E+00	−0.2728E−02	−0.5024E+00	−0.1364E−02
	2	0.3311E+00	−0.2201E−02	−0.5019E+00	−0.1100E−02
$n = 0.75$	1	0.4336E+00	0.1003E+00	−0.6832E+00	0.5018E−01
	2	0.4113E+00	0.7800E−01	−0.6824E+00	0.3900E−01
$n = 1$	1	0.5352E+00	0.2018E+00	−0.8252E+00	0.1009E+00
	2	0.4868E+00	0.1535E+00	−0.8671E+00	0.7673E−01

4．$M = P \times l \times E$

此公式适用于如图 2.9 的情况。

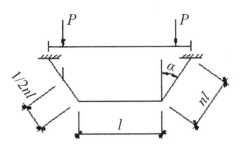

图 2.9　两个集中力 P 作用
在折梁段中间

(1) 当 $\alpha = 30°$ 时，如表 2.17 所示。

表 2.17

	h/b	E_0	E_1	E_2	E_3
$n = 0.5$	1	0.1368E−01	0.1368E−01	−0.2432E+00	0.1184E−01
	2	0.8240E−02	0.8240E−02	−0.2459E+00	0.7136E−02
$n = 0.75$	1	0.2402E−01	0.2402E−01	−0.3630E+00	0.2080E−01
	2	0.1355E−01	0.1355E−01	−0.3682E+00	0.1174E−01
$n = 1$	1	0.3501E−01	0.3501E−01	−0.4825E+00	0.3032E−01
	2	0.1898E−01	0.1898E−01	−0.4905E+00	0.1644E−01

【表中符号含义】表 2.18、表 2.19 同。

E_0：最大正弯矩（在跨中）弯矩系数　　E_1：转折处（指直线段梁截面）弯矩系数

E_2：支座处负弯矩系数（折梁方向）　　E_3：折梁段扭矩系数

(2) 当 $\alpha = 45°$ 时，如表 2.18 所示。

表 2.18

	h/b	E_0	E_1	E_2	E_3
$n = 0.5$	1	0.2018E−01	0.2018E−01	−0.2357E+00	0.1427E−01
	2	0.1383E−01	0.1383E−01	−0.2402E+00	0.9781E−02
$n = 0.75$	1	0.3570E−01	0.3570E−01	−0.3498E+00	0.2525E−01
	2	0.2317E−01	0.2317E−01	−0.3586E+00	0.1638E−01
$n = 1$	1	0.5230E−01	0.5230E−01	−0.4630E+00	0.3698E−01
	2	0.3280E−01	0.3280E−01	−0.4768E+00	0.2319E−01

(3) 当 $\alpha = 60°$ 时，如表 2.19 所示。

表 2.19

	h/b	E_0	E_1	E_2	E_3
$n = 0.5$	1	0.2584E−01	0.2584E−01	−0.2276E+00	0.1292E−01
	2	0.2084E−01	0.2084E−01	−0.2320E+00	0.1042E−01
$n = 0.75$	1	0.4609E−01	0.4609E−01	−0.3351E+00	0.2304E−01
	2	0.3586E−01	0.3586E−01	−0.3439E+00	0.1793E−01
$n = 1$	1	0.6787E−01	0.6787E−01	−0.4412E+00	0.3394E−01
	2	0.5161E−01	0.5161E−01	−0.4553E+00	0.2581E−01

闲谈别墅式建筑的结构设计[1]

自改革开放实施以来，房屋建筑业发展呈强劲不衰的趋势。生活水平的提高促使住宅建筑群体中别墅式建筑越来越热，但别墅式建筑与普通住宅有较大区别。其舒适程度要求高，屋内及环境设施完善，更因建筑整体易被收入视野而形体艺术要求极高。就其立面而言，从各个视角均期望取得最佳的效果，这就要求有一个复杂的空间支撑体系，因而形成了一种别具风格的另类结构型式。

只是笔者所见到的不少国内的别墅，一般只具备室内房型、室外立面造型，其环境及设施甚至结构体系的安全性能，并不具备相协调的水准。本文并不想讨论这些由于人多地少，或市场经济发展初期，出于纯商业敛财目的形成的现状。现就笔者自身经历的别墅设计中结构常遇问题做一番闲谈，以供大家参考。

一、别墅式建筑的结构体系

别墅式建筑由于其层数少（通常在三层以下），就一般情况而言，在抗震设防烈度较低地区（小于等于7度），可采用框架结构体系，也可采用砖混结构体系和木结构体系。

当采用砖混结构体系时，对建筑布置有较严格的约束，必须遵循砖混结构的技术规范及建筑抗震规范，特别是上、下墙体应尽量对齐，平面、立面要属规则型。当上层墙内收时，就需要用梁来抬墙及更上层的屋面，此

---

[1] 本文曾发表于《浙江建筑》2009年第3期，第12—14,29页。署名：姚育华、康建文、原矩、杜群飞。收入本书时有改动。

时抬墙梁两端支承宜做钢筋混凝土柱,此柱又必须按构造柱施工方法与下层墙体连接。但从抗震概念设计范畴来讲,是不宜采用这种形式的。

承重墙上开大孔洞时,洞两侧又需设置构造柱。现代建筑采用的众多大门窗,决定了要多用构造柱,其总造价相对于框架结构也并无很大优势。另外,抗震计算后,可能要调整建筑平面布置,有可能无法实施最佳建筑方案。

而一旦这样做了,房屋所有人的后续改造将受到严格的限制,因为这时每一片墙体均不是多余的,是不可缺少的支承体。其优点是,比框架体系造价稍低,但这是以牺牲建筑功能和立面造型为代价的,而且其安全可靠性也不及框架体系。

采用钢混凝土框架体系,在很大程度上能适应建筑体形、视觉要求,其安全性能比砖混结构可靠,且能适应房屋所有人的局部改造,是一种比较合理、适合时代的结构体系。

框架体系按其柱截面形状可分为异形柱和规则柱。

采用异形柱有不凸出墙面、内墙平整的优点(有时上、下墙位置方向不一致,仍有凸出墙面的情况)。因异形柱截面形心与梁中轴不一致,规范对其配筋截面尺寸有专门技术规定,致使截面增大,增加了水泥、钢材等材料用量。异形柱的基顶宜有一过渡的规则截面,如矩形(见图2.10),以缓和基顶的应力,使其较均匀地扩散至基础。

采用规则柱,唯一的缺点是,柱有凸出墙面现象,但从另一角度来看,也能衬托出一种强劲、

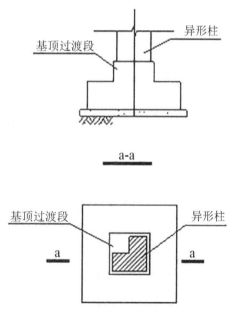

图 2.10　异形柱基顶的过渡规则截面

坚固势态，给人以一种安全感，且比异形柱经济．故笔者认为，应尽量在布置上合理地采用规则柱为宜。

二、别墅式建筑的基础型式

别墅式建筑的基础，从工程技术上来说，与其他建筑并无多大区别，主要是其建筑等级之高及层数之低，以及常碰到的起伏地形和复杂地质，形成一种必须更适合每一幢楼自身的基础型式的混合要求。

现根据常碰到的情况简述如下：

别墅式建筑物常位于丘陵地区，地形起伏较大，地下的良好持力岩土层高差变化也很大，故要重视原山坡的稳定性，以及施工开挖后的边坡稳定性，而这又与区域的排水是否及时顺畅有密切关系。这些都是前期必须具体考虑并设计成文、成图的。

别墅式建筑常依地理环境而分布，由于地形复杂，即使平面建筑型式相同，基础的处理也会不同。

1. 对于全开挖坡地

这种情况下的持力层大多是坚硬的岩土，承载力一般是没问题的，重点在边坡稳定性上。其中包括房屋的上坡地及下坡地，必要时要由地质部门做稳定性分析，并采用灌浆、锚杆、挡墙等加固措施。当岩层为倾斜时，要考虑岩层倾向、倾角的影响，注意施工期的危害性塌方，开挖可采用阶梯式。但应保证下侧岩土层的稳定性要求（可按技术规范要求布置）。这类建筑地形还要注意及早做区域排水，这是工期顺利推进的重要条件。

2. 对于半挖半填区域

这是一种常遇而又较难处理的情况：处于上坡开挖区的常是坚硬的岩石，而下坡地面则为填方区。这时应考虑将基础支承于统一的坚硬岩土上。

处于填方区的基础可采用以下方式：

（1）先填土时可用人工挖孔桩支承至坚硬岩土层上（当填方较深，如大于 5 m 时）。

（2）可先在坚硬岩土上做毛石混凝土墩，将柱基置于其上（当填方不是很深，如小于等于 5 m 时）再回填土。

（3）直接将柱基落于坚硬岩土上。

以上述方式处理基础时，均宜考虑用拉梁与上坡处基础连接，以保障整体稳定。

半挖半填区应考虑建筑物上坡的岩土稳定、下坡的岩土稳定（因其相对下面又是上坡）以及整体稳定。当有半地下室时，要特别重视地下室的防渗。对地下室的侧壁宜用钢筋混凝土或混凝土材料，对地面则可结合环境条件和造价选用以下做法：

（1）钢混凝土底板兼做侧壁基础。这是防水、防渗的可靠形式，当地下室已在平坦地区时应采取此形式，只是其底板较厚（一般 300 ～ 400 mm）。

（2）地面为普通钢筋混凝土地面（钢筋仅为构造配置），下为 100 碎石层，350 大块石层。侧壁基底应比地下室地面低 800 mm，以增大渗透阻力，并应在地下室左、右侧及后面等周边做导水盲沟，将地下水直接引向下坡地。

应指出，这种形式不适合已处于平坦地面的地下室（因其地下水位较高）。

3．对于全填方区

全填方区的填土，一般情况下均为杂填土，包含碎石（大、小不等），夹混着原山坡覆盖土，甚至有少量树根等（如有可能，应尽量清除）。此等填土处理可采用以下办法：

（1）上层强夯法：可按填方深度选用不同的夯击能级。考虑到别墅式建筑属低层建筑，荷载不大，一般的夯击能级即可满足基础要求。当填方深度不大时，也可在填方时分层用机械预压一下，可提高强夯法的效果。

（2）深层高压灌浆：这也是常用的方法，但受当地施工技术条件的限制。当周围环境对强夯法有制约时，可用此方法。

（3）填方不深时，可直接将柱基落在下面的坚硬土层上（即加高下柱，同时增加一层拉梁）。但此方法在回填土时易造成柱基移位，也增加回填土施工难度。

（4）全部柱基先做毛石混凝土墩至一定标高，再在墩上做柱基。当持力岩土层起伏较大时，用墩高调节标高是一种值得推荐的方案。

三、别墅式建筑的屋面结构

别墅式建筑的屋面依据建筑形体的风格不同，有平屋面与坡屋面之分。由于屋面有高低错落，涉及屋面的梁、柱，既要形成持力的骨架系统，又不能妨碍建筑的平面及空间要求。

就此点而言，平屋面比坡屋面较易解决，故在本文中笔者着重对坡屋面做一些分析。

别墅式建筑喜用多坡向、嶂叠形的屋面，因屋脊标高不同，就形成了不规则的折板壳体，这在计算上很复杂。因其极不规则，如在每条折缝上都设置梁，就会妨碍室内的美观，且压低了净空。为了简化计算又保证安全，可做如下处理：

（1）按水平投影，将屋面分成有规则的区域，尽可能使每一区域内只有极少折缝（最好是一条）。

（2）在每一区域边界均应布置梁（有时可能是折梁）来承受板传来的荷载。

（3）每条折板缝，在转角处均应做一"平段过渡区"（板较厚，如大于 120 mm 时，板上面的平段可考虑省去），如图 2.11。

（4）板的内力计算，可按水平区域划分的板块进行，折角向上凸的板的弯矩较平板型有利。对转折处可适当加强。

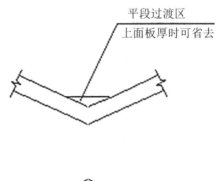

平段过渡区
上面板厚时可省去

平段过渡区

图 2.11　平段过渡区

屋面板因防渗要求较高，且折板内有附加的轴向应力，故宜按双层双向配筋。

对大开间的板支座处负筋可视情况间隔连通，但应保持每米宽内 3～4 根筋为宜。

四、需注意的部分技术处理方式

1. 梁上托柱

由于建筑立面收缩，对框架结构就有上层需柱而不能通到下层的情况。这时不得不设梁上托柱。理论上这并不是合理的传力体系，宜尽量避免。

梁上托柱的柱基是托梁，托梁宜双向设置，方能抗衡柱下端双向弯矩（见图 2.12）。其上面柱的主筋必须插入主托梁外侧主筋范围之内，并满足锚固要求。

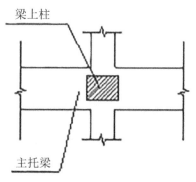

图 2.12　托梁的双向设置

上述要求使托梁宽比同方向的梁上柱边尺寸要大，且承受一定的扭矩。两个方向托梁中的主要托梁高宜大于等于 $L/6$（L 为梁的跨度）。

2. 通向室外的阶梯

当纯挖方区裸露的岩土层比较坚硬时，通向室内的室外阶梯可与房屋结构完全脱开，待房屋主体建成后再单独施工。

对于填方区，由于室外填土的密实度难以保证，较适宜的形式是，使与室外联系的梯段与室内结构连成一整体。梯段水平长度小于 1.5 m 时，可以考虑悬挑结构型式，不另设基础。

3. 高低屋面

高低屋面在水平投影重叠时，在交汇区轴线上，为支承两层屋面就有两根梁，其梁面标高随各层屋面而变化。此问题易被忽略，必须专项注明，建议将其中一梁单列绘注。

4. 半地下室车库

当房屋筑在山坡上时，因房屋建筑随地形逐渐向上坡升高，其附属的车库，常成为半地下室车库，仅进口处与室外地面衔接。此时半地下室车库三侧的墙应是有抗渗能力的挡土墙。

车库的地面，根据当地情况可采用如下方式：

(1) 如车库位于山坡上，室外地面基本顺原地面坡度，从节省投资角度则可不做车库底板，车库三侧做混凝土墙，墙基应埋入车库室内地面以下至少800 mm。三面侧墙背面要做排水盲沟，并直通室外排水沟。车库地面，除按建筑要求处理外，尚应在地面下加铺块石层。

车库地面具体做法为：

建筑面层

100 碎石层（$d \leqslant 50$ mm, d 为石料的直径）

350 块石层（$d \leqslant 300$ mm）

原土层夯实

(2) 位于原地形谷底或原排水通途处的车库，宜做钢筋混凝土底板，并与侧混凝土墙整浇在一起。其墙背盲沟也需直通室外排水沟。

以上侧墙、挡土墙计算时，土压力应取静止土压力模式，墙背地下水位可考虑在盲沟的顶面，注意盲沟的标高一般宜比车库入口处室外排水沟高 300 mm 以上。

5. 出屋面烟囱

当烟囱可自地面直伸至屋面时，可将其设计成受力柱。若烟囱纯做立面装饰用，当出屋面高度不大于 2 m 时，可设计成预制构件，在屋面等有关部位留设埋件，而后拼装。

6. 底层客厅、居室的地面

为了防潮，底层地面可采用架空的预制板，但板两端的支承并不伸进隔墙内（即板长为房间净宽减 30 mm），而是支承于隔墙内侧的支承小牛腿或支承墩梁等其他支承构件上，并将底层荷载接传至基础，即进行框架计算时一般并不考虑底层荷载。预制板下的孔隙层，宜大于等于 150 mm。板下也应回填土，回填土面标高比室外宜高出 150 mm 以上。

如果地下水位不高，客厅的地面也可用普通混凝土地面，但其下应做直通室外排水系统的排水块石填层及隔水层。

7. 山坡上做独立柱基

此时应注意相关柱基高差与开挖边坡关系。如图 2.13，紧靠两柱基不能采用突变开挖方式，应将较高基础下降。这种开挖要求在设计中专门分析并用图示意（包括平面开挖分界线图），不能依赖施工单位自己完成。

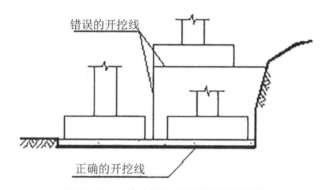

图 2.13 山坡上做独立柱基时的开挖线

8. 高差大时的岩石基坡处理

因为同一幢房子基础应落在同一岩性岩土上，对于陡降区域，可采用以下两种方式：

（1）当下降处回填土很少时，可用有高低差的柱及柱基，但要重视高坡处的稳定问题。

（2）下降的岩面上有较厚的覆盖土时，可采用独立柱基与人工挖孔桩（岩面下降区）相结合的方式。因挖孔桩埋深要求大于等于 6 m，而这个埋深不宜包括施工后填土，否则只能取用天然岩土承载能力。挖孔桩承载力一定要做深层平板试验取得，在初估时宜取较小值（笔者认为，可取天然地基所用数值的 2.5 倍），以策安全。

五、结语

　　笔者希望以上的一些观点能对有关的工程技术人员有所帮助。但是，当我们接受别墅建筑结构设计任务时，必须充分理解建筑设计方案的意图，并对工程所在地现场环境实地考察，掌握第一手资料，在地质勘查资料提供后，才可能构思出切合实际的结构设计方案。

三个卸料口的砼煤斗的结构计算模型分析[1]

一、问题的提出

工业厂房中常用到贮仓、卸料斗等特种结构，但一般的斗仓几何体形都比较规则，例如，上部为圆柱形，下部为圆锥形斗仓，或上部为矩形，下部为锥体的斗仓。它们一般一斗都只有一个卸料口，或至多一个斗有两个卸料口。而这样一些较规则斗仓的内力是已有现成的公式、手册可查的，有些已有电脑运算的程序。

笔者近年遇到了一个特殊的钢筋混凝土煤斗斗仓：它上部是一个大斗，下部却有三个卸料口。

这样的斗仓是没有现成的计算模型可以遵循的，也找不到可以参考的先例。在建设方有需求的情况下，笔者根据结构体系内力传递的基本力学原理，在所求出的内力不会小于实际内力的考量下，提出以下的思路和计算模型，用来近似估算钢筋混凝土煤斗的内力和配筋。

应该说明的是，这一计算模式的分析思路是以定性为主，并建立了近似计算模型，但已经历了实际工程考验，现提供给有需要的工程设计人员做参考。

二、计算模型的假设

先将三个卸料口的砼煤斗简化为一个简单的倒锥形斗状壳体，即只有

---

[1] 本文曾发表于《消费电子》2014 年第 22 期，第 294 页。署名：姚育华、胡建云、陆剑龙。收入本书时有改动。

一个卸料口的斗仓。

这种假定的计算模型的下口计算尺寸,可假定为三个实际卸料口的各分斗的卸料口周边包络尺寸,斗仓总高为原高。

这个简化的计算模型,在斗仓计算手册上是有成熟公式的,用它计算上部大侧壁的内力,用于大侧壁配筋计算(因为侧壁是以拉力为主的拉弯受力类型),其近似程度是较高的。

对大斗下面的分卸料口陡坡形成的局部斜底板,可以先按一个假定的平面矩形板模型来估算(此平面板的周边,即是三个卸料口的上部起始的周边的水平投影形成的狭长形的板,假设为狭长形的矩形板),即按受弯板来计算,这样算得的配筋是偏大的。同时也要按下部斗区每块小斜板的尺寸,分别按双向板计算(三个卸料口,靠外侧的下部斗区小斜板是上部大侧壁向下的延伸板,主要计算的是中间的四块小斜板)。最后可取用上述两种计算模式中的大值,用它的结果来配下料口之间的斜底板的钢筋。

由于中间下部斜底板在小斗的上端相交成了边缘梁,它是支承于大侧壁上的,这个连接区是应力集中区,该大侧壁局部区域(见图2.14中虚线范围)类同下部受局部集中荷载的深梁状况,所以,在大斗侧壁该高度的一定区间内,沿水平一周应加一箍梁,作为传递荷载,扩散应力的深梁,其具体尺寸应视工程斗的构件尺寸而定(当斗壁较厚时,也可设为侧壁内的暗梁,也可视情况由侧壁内钢筋加密形成,加密的高度范围尺寸,可取小斗上口尺寸的1/2和小斗高度两者的小值)。此深梁应沿小斗上口周边闭

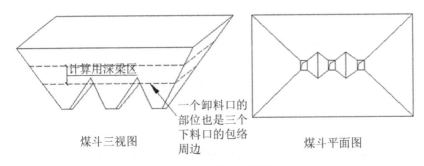

图 2.14 煤斗示意图

合布置，中间小斜板上端的边缘梁可按斜板传来的荷载计算确定其配筋。它是个上窄下宽、梯形截面的梁，沿梁的周边均宜配置梁的受力筋。小斜板上采用的计算荷载值，可由板上堆积的物料的重度和高度来确定。整个料斗的钢筋的布置，尚应符合斗型结构的构造要求。

三、结语

三个卸料口的砼煤斗的内力分析，是没有现成计算模式可以遵循的，即使是那些较规则的仓斗的计算模型和公式，理论上也更适用于钢材制造的斗仓。钢筋混凝土斗仓因其壁较厚，与薄壳相去较远，其拉、压性能相差又大，在运用时也是要有相应的措施的。本文给出了以定性为主的近似分析思路和计算模型，虽是近似值，但其力学原理清晰，简单实用，故提供给有需要的工程设计人员做参考。

注：以上结构计算模型，已在工程实践应用中得到了其安全可靠的验证。

某电厂烟道框架结构改造设计简述[1]

一、工程概况

本工程为某电厂环保脱硫改造项目的烟道支架改建工程，因受场地限制，根据建设方要求，只能在已支承着且生产上仍需要的旧有烟道的框架体系之上，再布置一个新增的烟道，而原框架体系实为 17.45 m 大跨度混凝土框架结构（见图 2.15）。

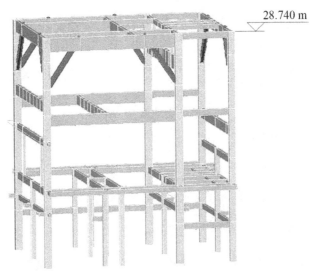

28.740 m

图 2.15　原框架

此外，还要求在其上架设直径为 7 m 的临时钢烟囱，使框架结构的总

---

[1]　本文曾发表于《中国科技纵横》2014年第24期，第95—96页。署名：虞莹、李翠娥、孙玺玺、姚育华。收入本书时有改动。

104　结构工程设计杂记

高度达到 52 m（钢烟囱顶标高为 60 m）。也就是要将原来的一个多层框架体系（原设计按老规范属多层框架）扩建为一个高层框架体系，工程所在地抗震设防烈度为 6 度，改建后的结构体系，就抗震设计而言，成了极不规则结构一类的体系。经详细分析、研究后，设计人员决定上部新增的结构体系采用钢框支撑结构体系。

对原下部混凝土框架结构体系也相应增加了必要的钢支撑，对其梁、柱构件及原基础，则依据分析、计算情况，按满足高层建筑规范各项要求进行加固或改建，最终形成了如图 2.16 的结构体系。

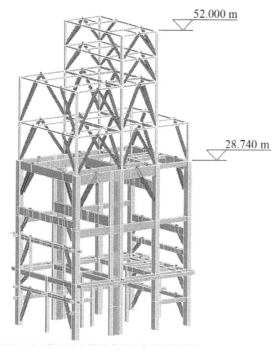

图 2.16 扩建后的框架

二、设计过程中遇到的主要技术问题和处理情况

1．临时钢烟囱的设置方案

在扩建过程中，因工艺生产的需要，必须设置一直径为 7 m 的临时钢

烟囱。在烟囱设计中，结构主要需解决的是因承受水平荷载引起的稳定及强度问题。钢烟囱规范推荐的是独自落地的塔架式、自立式及拉索式，但在本工程中均无条件实施。

因此，我们采用了工业厂房设计中常用的由楼层梁来支承设备的方式，即视临时钢烟囱为一个大型设备，将其安置在楼层上。

但这样一来，就不得不考虑到原来作用在烟囱体上的水平荷载，转传到楼层的支承梁（包括只对临时钢烟囱起水平控制作用的梁），以及上部钢框架上的情况。

也就是说，对支承钢烟囱的楼层梁，还必须验算其在水平方向也同时受较大荷载时的受力状况（因而局部构件要人工验算）。

这就是最终在上部钢框架中要局部采用箱形截面梁和较普遍地设置柱间钢支撑的重要原因。

2. 新扩建加高的结构体系的确定

为了尽可能地降低新增结构的自重，保证上部框架在各类荷载组合下的空间整体刚度和稳定，减少层间位移和符合"高规"各项技术数据限值的要求，后增的上部结构，采用的是钢框支撑体系。

与其他钢结构中的支撑一样，竖向和水平支撑在布置时，充分考虑了结构体系受力变形时定性分析的状况。框支体系电脑程序分析计算的过程及结论，也体现了所布置的支撑在本工程中所起的关键作用。应该指出，支撑的最终布置是在分析、计算过程中不断调整、改善才得到的成果。

3. 原有下部混凝土框架的改造及加固

原框架结构是柱距为 17.45 m 的大跨度混凝土框架结构，原内部空间已布满了烟道等设备，没有条件另外增加直接支承于地基的新柱。在新的结构体系中，为增强侧向刚度，改善原梁、柱的受力状况，必须增设柱间斜支撑。设计人员依据数十次的验算、分析，不断地调整方法，以及依据各构件自身状况分别采用加大截面、外包钢等不同方式给予加固，局部位置的柱做了加高，甚至要改造成剪力墙，才使此工艺生产布置所依托的改建结构方案具有实现的可能。

4. 基础的加固

原勘察资料表明，本工程所处的地质状况良好，勘察提供的地基承载力特征值为大于 200 kPa，下层也不存在软弱土层。原工程采用的是天然地基，原柱基都为独立柱基。考虑到原工程已使用多年，可以采用修正后的地基承载力特征值。

据此，原基础在上部改建后，在新增荷载下，除了经复核验算能满足要求的柱基础维持原有状况外，分别采用了将原独基扩大、增加地梁连接、合并改建成有大地梁的条形基础等方式。

这中间包含着我们的积极期望，即使新、旧基础整体发挥作用（见图 2.17）。这里特别要指出，基础扩建时的构造措施（包括插筋）要充分体现新增荷载将尽可能由柱体直接通过扩大后的新混凝土整体基础传到地基的意图。

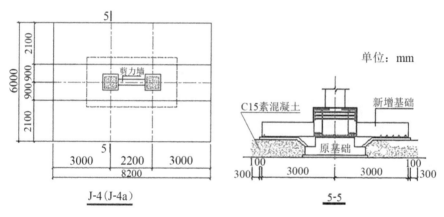

图 2.17　扩建后的基础

5. 施工顺序

必须遵循由下而上的施工次序，不应上、下同时施工，以使新增荷载同时支承于下部已加固构件的全断面上。同时对参与施工的人员和施工的质量的要求，应制订比一般正常全新工程更严、更高的准则。

三、结束语

总结以上情况可见，要实施这样一种极不规则的扩建结构方案，虽然是可能的，但是，无论在经济上、人力上还是物力上都是要付出大代价的，也就是用上述的代价才能换取空间的利用。

建筑设计中的结构意识 [1]

一、概述

一座建筑物或构筑物能存在于空间，就要支撑在一个支架上，就如人体需要骨架一样。建筑物的支架就是结构体系。所以，阅读结构图，首先要弄清楚自己所参与设计的建筑物的骨架，也就是结构体系是什么类型。

建筑常用的结构体系有：①钢筋混凝土框架体系（以及钢筋混凝土框架剪力墙体系）；②砖砌墙、钢筋混凝土楼板梁（即砖混结构）体系；③钢结构体系；④木结构（屋面为小青瓦或其他轻质材料）体系。

当在地震设防地区采用以上结构体系时，其平面、空间、布置都要受到国家技术规范的约束和限制，并不是可任意布置的，特别是砖混结构，常常因建筑布置时未注意结构抗震要求（或建筑功能必需），只能改用钢筋混凝土框架体系才能实施。也就是说，建筑视觉及功能的完善是有代价的，这点务必跟建设方讲清楚。（尤其是对开发商。他们常常把建筑方案的完美与对应的投资费用分别要求，这是不现实的！）

作为房屋的支撑体系，结构本身就有一定的尺寸要求，结构构件要占有一定的空间，对于建筑净空有规范规定或建筑功能有严格要求的区域，一定要给结构构件预留出空间尺寸（这可通过与有关结构人员联系获得），在设计楼梯时尤须重视。建筑的立面上有门、窗孔洞，均有一定的尺寸与标高要求。阅读结构图时，就要注意这些孔洞尺寸的标高有没有在结构骨架尺寸上正确体现出来（至少不发生矛盾），如有矛盾就要设法协调解决。

---

[1] 本文曾发表于《城市建筑》2015年第6期，第82页。署名：姚育华、成会军、汪鑫磊、洪箫。收入本书时有改动。

主体建筑以外属装饰造型的建筑非结构构件，要注重连接节点的坚固性，它在地震时会传给主体结构一定的地震作用。所以，有关的主体构件及连接节点要采取加强措施，要尽早通知结构设计人员。

说到抗震，需强调一下，国家颁布的《建筑抗震设计规范》是所有参与建筑工程设计的各专业都应遵守的，并不是结构专业一个专业的规范，正如《建筑设计防火规范》不是针对单一建筑专业，而是所有专业必须遵守一样。

对于抗震设防，建筑、结构专业的人员都要明白以下情况：

抗震设计有两个内容。

首先是概念设计。这是根据对以往发生的地震灾害进行调查后，经科学统计、分析而得到的成果，以及工程设计中积累的经验，从而制定出一系列原则性的规定措施。它不是数学、力学理论公式计算数值的答案，但按此原则做，可保证规范规定的"三水准"设防要求。

概念设计的基本内容有三个部分：①建筑设计应重视建筑结构的规则性；②合理的建筑结构体系选择；③抗侧力结构和构件的延性设计。以上第①、②两条与建筑设计是有密切关系的，《建筑抗震设计规范》（GB 50011—2010）[1] 第 3.4.1 条中已明确规定"不应采用严重不规则的结构设计方案"，故在方案阶段就要重视。

其次是数值设计。它就是通常进行的计算机计算及其成果。目前，电脑计算中应用的每一个程序都是基于一定的结构假定模式的。如果实际情况与编制程序时的模式有出入，就要对计算结果进行人工调整，或采用相应的技术措施，如果还不行就要对建筑布置方案进行调整。这也不是通过计算完成的，也属"概念设计"范畴。

总的来讲，对有抗震设防要求的建筑物，做抗震设计时，概念设计要重于数值设计。千万不要被那些"计算过了""承载能力够了"等等简单应付性说法迷惑。

---

[1] 《建筑抗震设计规范》2016 年有局部修订。

二、设计条件

一座建筑物的设计要由建筑、结构、水、电、暖通、通信等各专业人员互相配合协同来完成,建筑专业是"龙头",只有建筑方案基本确定,其他专业人员才能展开工作。如果建筑方案考虑不全、不慎,就会白白浪费了所有专业人员的工作成果,也浪费了宝贵的时间(请牢记在市场经济时代效率就是生命,时间即是金钱)。制度严格的设计单位,应有明确的奖罚规定。

各专业人员开展工作既是同期的,也是有先后顺序的,除建筑专业外,其他专业人员依据的就是建筑的条件(图及文字),所以条件十分重要,一定要经有关责任人员校审签署后方才生效。未经校审签署的条件,其他专业人员可以拒绝接受,这点一定要作为制度。其他专业,主要是结构专业,需要包含哪些内容的条件呢?

(1)依据确定了的方案,提供建筑物的平面、立面、剖面图。要特别注意,此时(作为施工图条件)的平面、立面、剖面是在初设或方案基础上的更完善的图,而不是原来的方案图。它应包括方案图中缺少的夹层或其他原省略的平面。剖面图应包括所有不易表达清楚的部位,只有这样,结构专业人员才能设计出正确的支撑体系。

(2)建筑物轴线布置及其相互间尺寸。

(3)各楼层(包括屋面及地下室)的标高,门窗洞口标高及尺寸,各楼层板面的材料及厚度。

(4)上、下交通楼梯,也要先布置,以便结构专业人员布置荷载,接着计算。当有电梯时,要由建设单位确定型号,以便确定井道及电梯坑尺寸,电梯机房位置如与样品图不同,应事先与电梯厂协商。

(5)外墙及各房间隔墙的材料、尺寸。

(6)梁、板上需要预留的孔洞(板上孔直径小于等于 200 mm 的,可做二次条件)。

（7）本建筑有特殊要求的情况，可用文字说明。

（8）建筑细部节点做法，可按第二次提供的条件，即在上述第一次条件提供之后一段时间再提供。

建筑条件对其他专业而言，犹如一台发动机开关，只有建筑发出了合格的条件，其他专业设计才能有效开动。所以，建筑专业人员要首先满足向外提供的条件，再来做本专业更深一步的工作，这对于工程的总进度来说极为重要。

对于较复杂或大型建筑物，结构专业人员宜返回结构模板条件给建筑及设备各专业，以协调净空、管线预埋等问题。

当结构专业人员返回条件后，建筑及其他设备专业人员，如何读懂结构条件图的问题就突显出来了。要注意，现在结构专业的作图，是用平面图来表达整座立体建筑的，也没有大的剖面图，其他专业在看结构图时要同时参阅建筑图才能更明白。

三、地下室设计

最后来谈一下关于地下室设计与结构有关的问题。由于土地供应的紧张，建筑物带地下室已属较普遍现象。地下室的平面布置、空间要求均受到结构的牵制。一般情况下，较规则的地下室主体尽量不分缝。现列举几个常遇关联问题。

1. 地下室做汽车库

地下室作为汽车库时，其进口车道与地下室主体的连接方式，有如下两种情况：

（1）进口通道与地下室主体是一整体，即通道是地下室的一部分。

（2）进口通道与地下室主体用沉降缝分开。这时，通道与地下室主体外侧壁相连部位的缝的处理很重要。在地下室与通道连接的外侧壁，必须具有一小段与车道壁位于同一方向可以连接的侧壁（可以为此特意加设这一段）。这是埋设分缝处止水带所必需的。如果没有此条件，只能埋设嵌入式止水条，对地下水位高的地区来说，防渗效果很不理想。

2. 地下室顶板上布置了消防通道

由于消防通道荷载为 20 ~ 35 kN/m²，此区域地下室顶板梁板受荷特大，要求的梁、板截面尺寸也大。该区域的地下室净空比别处小，建筑布置时就不宜将净空要求高的房间布置在此。

3. 地下室顶板有绿化要求

如绿化区的标高变化很大，可考虑将标高大处做成空心壳体，既保持外形又减轻覆土重，这对节省材料、减小梁断面高、增加地下室净空高有较大作用。

4. 地下室内底板上的排水沟分布较长时

在抗浮不成问题时，尽可能采用宽偏沟（深度小的沟），在不少情况下可减小埋深，降低造价。

5. 地下室外侧面防水

地下室外侧面防水、防渗十分重要，目前普遍的做法是外包防水卷材。

其实混凝土本身是一种渗透性很小的防水材料，当结构能满足所在环境类别下裂缝控制要求时，如果将地下室外侧面清刷干净，用"二冷""二热"沥青涂刷后便能使其表面形成一层 0.2 ~ 0.3 mm 防水层，此防水层有一部分是渗透进混凝土表面的。这是一种老式的防水方法，施工条件比卷材差，但以往工程实践表明，只要施工认真、负责，对一般埋深不大的地下室防水基本可满足要求。当然，根据需要，还可配合其他如周边回填黏土层设置排水等等。总的来说，这样会减少不少费用。

地下水浮托力计算的探索 [1]

　　建筑工程的发展使土地利用更加紧俏，地下部分的开发利用越来越普遍。如何正确评价岩土与地下水对建筑物的作用，常成为棘手而又必须解决的问题。

　　由于地下水变化受大气降水及周边环境等因素影响（包括建筑物施工后环境变化），以及工程所在地地下水变化频率资料的缺乏，建筑物的地下室设计如何考虑地下水作用，成为一个令人困惑而又不能回避的问题。

　　要分析地下水的作用，就必须对地下水的类型和工程场地的地层岩土结构（如含水层厚度、渗透性和水量）有充分了解。

　　地下水分布类型一般可分为上层滞水、潜水、承压水三种类型。对此，本文不做深入讨论。

一、建筑工程中地下水的作用问题

　　建筑工程中地下水的作用问题，主要为以下两个方面。

（一）如何确定本工程地下水位的设计取值

　　工程场地的地下水位及类型应由岩土勘察部门提供，这在《岩土工程勘察规范》（GB 50021—2001，2009 年局部修订）第 7.1 节中有明确规定。虽然如此，但设计人员得到的资料通常只是勘察期间的地下水位，并不是与建筑物使用年限相协调的地下水位。故对设计人员而言，它尚属于不确

---

[1]　本文曾发表于《浙江建筑》2016 年第 3 期，第 41—43 页。署名：姚育华、虞莹。收入本书时有改动。

定的、模糊的，并不宜直接用于工程设计，需要经设计人员与勘察人员共同综合分析研究后，才能取用一个接近本工程情况的地下水位数值。

在对勘察资料和地下水类型进行分析后，即须决定地下水位的设计取值。这时也需分两种荷载组合情况：当地下水压力对建筑物不利时宜取最高水位，对建筑物有利时宜取最低水位。

《岩土工程勘察规范》规定，确认地下水位的技术岗位是勘察部门，所以，应以尊重勘察部门的资料为主，但可以进一步与其协调，取得设计需要的、经勘察部门修正后的最高（对建筑物不利时）、最低（对建筑物有利时）水位。

当基础底处于上层滞水层时，目前工程设计中，一般仍采用勘察资料提供的水位。但是采用这个水位（哪怕是经过修正的），仍沿用静水压力原理对地下结构的作用，与实际情况是不是相符呢？这值得商榷，有时会因使用不当造成工程投资增大，或使工程处于不安全状况。对此，笔者将在后面提出自己的一些看法。

（二）在地下水位设计取值确定后，如何确定地下水对建筑物的作用力

地下水对建筑物、构筑物的作用一般有两种情况：对侧壁（地下室墙体）或水池壁的水平作用力（侧压力），对地下室底板或池底板的向上浮托力。

1. 水平作用力

对于处在上层滞水土层中的地下室侧墙、水池侧壁承受的水和土的侧压力，笔者建议，地下水位以下，宜水土合一，取它们的综合重度（一般可取 20 kN/m³），其他计算步骤可按土压力计算的有关要求进行。有一点要特别注意的是其侧压力模式宜用静止土压力模式，这与以主动土压力为主要受荷模式的单纯挡土墙是有很大区别的。

对于处在潜水层及承压水层的墙壁的水和土的侧压力，笔者以为，地下水位以下，宜水、土（此时土用浮容重）分别计算再进行叠加，其中土的侧压力模式也宜用静止土压力模式。

2．向上浮托力

对于地下水对地下室底板或水池底板的向上浮托力，因其情况较为复杂，不得不多用一点篇幅来加以阐明。

一般情况下，工程地下水位设计取值确定后，水压力是按静水压力作用原理来考虑的。也就是说，将地下水位至底板底的深度作为作用于底板的向上作用水头，以此为依据来核算建筑物、构筑物的整体稳定、抗浮，以及混凝土构件配筋。

这对于处在潜水层的底板来说，是较为接近工程实际情况的，但对处于承压水层的底板，还应考虑其附带的水头压力。

二、处在上层滞水层范围内的地下室底板的浮托力及计算公式的推导

当底板处在上层滞水层范围内时，情况就复杂多了。这也是本文讨论的中心内容。

为此，我们先回顾一下潜艇沉没的相关知识。

常规潜艇升降利用的是潜艇在水中所受到的浮力与其自重之差的变化，这个浮力值的大小是由潜艇的体积决定的。常规的潜艇主要是用蓄排水改变自身重量来控制升降的，其中潜艇底部与海水接触的面积是传递海水浮托力（上升力）的主要部位，其单位面积上所受向上压力，只与作用水头（水深）有关，所以必须保证潜艇底面与海水的直接接触面积。

潜艇沉没事故的发生，是由于潜艇底因故埋入海底不透水（或弱透水）岩土层，使潜艇底部与水的直接接触面积迅速减小，甚至几乎趋向于零，这就使由海水形成的向上压力（潜艇的浮托力，是通过与水的接触面传递的）大大减小，这时潜艇在垂直方向的合力是向下的，潜艇只好躺在那儿不动了。

工程建筑的地下室处于有地下水的岩土层中时，地下水对其作用的情况与上述例子类同。若基底接触的土层是砂石层或其他强透水层，基底与地下水的接触面积就接近于基底实际面积。那就可近似地按静水压力原理

取用设计水位来计算水压力。若基底接触的土层是透水性较差或很差的岩土层，必然会使基底与地下水的接触面积大大减小（见图2.18），由于水的浮托力是通过接触面传递的，从而也减小了地下水对基底的总作用力，在理论上就是减小了浮托力。如果将此原理应用于工程设计，不仅在专业上有较大意义，并将产生很大的经济效益。

土固体颗粒接触面

基底接触面

接触面处孔隙

图2.18　基底与地下水的接触示意图

要应用这原理，就必须知道并确定与基底接触的土层在其接触面上有多少面积是土颗粒接触的，有多少是土的孔隙（地下水）接触的（也即承受水压力面积的大小）。

为此，笔者提出如下一个新的单位名词——面积孔隙率 m（即基底受地下水作用的接触面积与基底总接触面积的比），以便用来近似估算基底接触处的地下水的作用。

我们不妨假定：接触处的土层的孔隙是沿垂直方向均匀分布的（见图2.19），并且对于单位体积而言，其孔隙都集中在单位体积的中间。

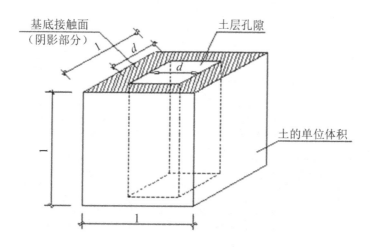

基底接触面
（阴影部分）

土层孔隙

土的单位体积

图2.19　土层孔隙示意图

这种假定并不改变土体的体积空隙率（土中空隙的体积与土的总体积之比，即勘察提供的体积孔隙率 n），而可使水平接触面上的面积孔隙率 m 在地下水作用方面给人以直观的感受。

显然，这种垂直分布的假定，在基底接触面处的土的孔隙面积不会比均匀分布孔隙的实际土体小（即这样求出的水浮托力也不会小于实际的浮托力值）。

现设单位水平面上的面积孔隙率为 m，孔隙的水平面积为 $d \times d$，单位体的水平总面积为 1×1（详见图 2.19），则

面积孔隙率为：$m = (d \times d) / (1 \times 1) = d \times d$

土力学中单位体积的孔隙率（孔隙的体积／土的总体积）为 n，则

$n = (d \times d \times 1) / (1 \times 1 \times 1) = d \times d$

很显然，这两个比例的数值是相同的（虽然含义不同），也即 $m = n$。

因此，我们可以借用勘察资料中提供的土层参数、孔隙率 n、孔隙比 e（孔隙体积／土的固体颗粒体积），得到面积孔隙率 m。由土力学知 n 与 e。两者换算公式为：$n = e / (1 + e)$。

表 2.20　部分 e，n 对应值

e	0.6	0.7	0.8	0.9	1.0	1.05	1.10	1.15	1.2
n	0.38	0.41	0.44	0.47	0.5	0.51	0.52	0.53	0.55

通过上面分析可知，当基底与持力的土层接触面附近土的孔隙率不变，仍为 n 时，其接触面上的面积孔隙率则为

$$m = n \tag{2.1}$$

若地下水位设计取值确定后，其设计水头 h（m）也就确定了，若基底单位面积所受水压力为 P，水容重为 $\gamma_{水}$。

当不考虑接触面上的面积孔隙率时

$$P_0 = \gamma_{水} h = 10h \tag{2.2}$$

当考虑接触面上的面积孔隙率时

$$p = \gamma_{水} hm = \gamma_{水} hn = 10hn \tag{2.3}$$

$$P/P_0 = n \qquad\qquad (2.4)$$

由上述可见,考虑了接触面的面积孔隙率后,水的向上压力可由式 (2.3) 求得。由式 (2.4) 和表 2.20 可见,其数值比直接用设计水位计算将近减少一半。

考虑到土体孔隙率的测试有一定的变幅,建议在工程设计中,当地下水压力的影响有利时可取用 p 值,当地下水压力的影响不利时则采用 ψ_p 系数 ψ 的值,暂时建议沿用荷载规范中活荷载分项系数值,即 $\psi = 1.4$。

可能有人对接触面的孔隙率可靠性是否能保证有怀疑,笔者认为,对于处在上层滞水的弱透水层的孔隙率,勘察检测比较方便,也比较可靠,基坑开挖后也可以再检测一次。在原状土夯实基础上浇注密实的难透水垫层及底板,其接触面的面积孔隙率理应不比原状土大,而且计算中已考虑了 ψ 系数,无须担心因孔隙率取小了导致水压力值也取小了,从而引发不安全结果。

对于侧向水压力的计算模式,笔者认为,因经基坑开挖及回填,原岩土性能已大变,仍以参照前述方式为宜。

四、结语

在本文结尾时,再次强调,计算地下水作用前,一定要认真调研本工程场区地层情况,充分分析勘察资料,确定地下水的类型,与勘察部门协调后,取用一个最接近本工程使用期间岩土中地下水情况的设计地下水位,如基底岩土为透水性差的岩土层时,应用本文原理,便可得出一组使工程经济合理的地下水作用的荷载组合。

对于想利用地下水压力的作用来承载建筑物上部荷载,减轻地基负担的情况(例如,做桩基时作为减少桩数量的依据),一定要慎重。因为地下水位是经常在变动的,它是根据当地的气象条件和水文地质条件在经常变化的。有的地区,在汛期,地下水位可高达地面,而在旱季地下水位又可低于基础底面。因此,必须在专题调查、研究、分析后再下结论。